JN050639

SNS

未来を創る
私のブランド
ポートフォリオ

TOMOKO UJI
ウジトモコ

SNS×DESIGN RULES OF 22
Creating the future
My brand portfolio

DESIGN
22の法則

ソシム

「有名人」「インフルエンサー」「天上人」

ご意見番的なコメント付きのポスト、示唆を与えるためのリポスト多め。参考になる意見を多く発信することで、気づきを与えるポジショニング、共感を得てフォロワーを誘引する。

「ソ活」「LISAF」（本書のターゲット）

「ソ活（かつ）」、すなわち「SNSでビジネスのプレゼンスを上げるための活動中」である。自分のことを知ろうとしてくれる誰かのために、自分の生業、仕事、人生のログ（ダイジェスト、ショートカット）をシェアする。「就活」「キャリアアップ」「パーソナルブランディング」も兼ねている。

「鍵垢」「裏垢」「サブ垢」

実名を知られずに（身元を隠しながら匿名やハンドルネームを使用し）「オンラインでのアクション（いいね！、応援、購買…）」を楽しむ。応援する人や商品のため、リサーチのためなど目的は多岐にわたる。時と場合によっては、別の人格にスムーズに変更・移動する。

はじめに

「SNSをもうちょっとちゃんとやらなくては……」
「なるべくたくさん投稿しなくては……」

そんなふうに思ったことはありませんか。
そんなことで息苦しくなっていませんか。

「SNSをちゃんとするってどういうこと……?」
「毎日、投稿しなければ落第?」

そもそも、すでに手の届かない影響力を持っている**有名人やインフルエンサー**の真似をして、どうなろうとしていたのだろう……。

仕事場でも「存在感」が重要になってきて、そろそろ、**鍵垢**も卒業しなくては……。

渋谷のホテルラウンジでカフェラテを飲みながら、20代の若い編集者さんと雑談をしていて、そんな話題になりました。

「上司とか親に見られてもいいようなもの、今までやってこなかったんです。ずっと、鍵垢でしたし」

「仕事が詰まっていると、どうしてもまめに投稿できなくなってしまいますね、私は」

「キャリアアップとか自分のステージを上げるために活用できたらいいのですが」

「つまり、**SNSでパーソナルブランディングを磨く（＝ソ活）**っていうことだよね？」

それが本書の企画の始まりでした。

Log your Identity and Social Activities for the Future.
(未来のために、私の社会との関わりと本質を記録し続ける)

「ＬＩＳＡＦ」とは、私がブランドのコンサルティングの現場などでお伝えしている
ＳＮＳ運用のデザインのメソッドをまとめたものです。特に、重要なポイントは

・いいね！やフォロワー数は気にしない
・疲れない
・自分のペースで続けられる

ことで、**「反応」**におどらされることなく、**「記録（ログ）」**としての価値を重視し、自分
軸（アイデンティティ）で発信を行うということ。いずれ、**時間と共に価値が上がる**記録
媒体となることがゴールなので、瞬発的な評価（いいね！がついたとかフォロワーが増え
た）に一喜一憂する必要がありません。

もちろん、そのような試みの中で、良い投稿には「いいね！」もつきますし、時を重ねることでフォロワーも着実に増えてはいきます。

実務優先で、毎日の投稿が難しい方も、たまの投稿を少しだけ戦略的に丁寧に行うことで、その人の存在感はグッと強いものに、そして印象的なものになります。

「ついついやってしまうSNS」から「未来に向けてデザインされたSNS」へ

デザイナーの私も太鼓判を押すくらいですが、SNSのデザイン（UX／UI）というものはとてもよくできています。反射的に、身体的に、「ついついやってしまう」「ついつい見てしまう」ようにあらかじめデザインされているのです。

ですから、過分な時間を取られず、できる限り自分のSNSを「最適化」するためには「有料サービス」なども視野に入れてストレスを最低限にし、また、**プラットフォーム側のビジネスモデルや利益獲得の仕組み**なども理解しておく必要があります。

また、企業のマーケティングなどに関わる方であれば、常々、実感されていることだとは思いますが、**最終的にはコミュニティの質が「ウェブサービスの行方」を左右します。**
つまり、購買力と節度を兼ね備えた「善良な人々」が快適に過ごせる環境（＝ＳＮＳ）が保たれなくなった時、そこまで注ぎ込んだ自分たちの労力も、水の泡になる可能性があるということです。

自分軸を固めてから、戦略と表現を磨く

本書は大まかに３つのパートに分かれていて、どれかを読み飛ばしていただいても大丈夫なように、それぞれの目的に合わせてお読みいただける構成になっています。

冒頭は**「汝、己を知れ」**という言葉通り、**アイデンティティとは何か**にフィーチャーし、**「自分ブランドの軸」**となる大事な定義づけや目的を確認します。**「ブランドのＤＮＡ」**と表現する場合もあります。

中盤からは、ビジネスでデザインを使う上での基本となる**「ブランドの人格」**としてのデザインについて。企業ブランディングでいうところの**「ブランドプリンシプルズ(Brand Principles)」**、すなわち行動指針を固めていきましょう。

後半からは、**「伝わるための戦略と表現」**。これは、同時に**「ブランド価値を上げるためのデザイン」**でもあります。**「アクセシビリティー」**や**「インプレッション」**などは、皆さんもよく耳にする言葉ではないでしょうか。

SNSのプラットフォームは、グローバル前提の設計のため、**「画像の品質がターゲットリーチに大きく影響する」**ことは、皆さんも薄々感じているはずです。

アイデンティティは、アルゴリズムに勝利できる？

秀逸に設計され、世界中のユーザーから多くの情報を吸収・発信し、政治や経済の分野にももはや必須のツールとなったSNS。

この、一見、抗えないと思われるアルゴリズムに**「人間としての価値」**、すなわちあなたの**アイデンティティ**で勝負を挑む。

疲弊したりストレスを感じたりすることなく、**「自分の望む未来をデザインで引き寄せる」**。

これがまさに本書の「命題」といえます。

今回、Meta社の秀逸なアルゴリズムについては、以前、原宿に事務所があった時代に案件でもお世話になったジャンルの一人者、株式会社ダッシュボード代表取締役の古明地氏にインタビューをしています。

Meta社の公式パートナーである古明地氏からは、現状のアルゴリズム傾向も含めて、開示できる限りの情報提供と、私たちの素朴な疑問に丁寧にお答えいただきました。本文中のコラムに、Q&A形式で紹介していますので、あわせてお楽しみください。

それでは、早速、**「思い出せ、お前が誰だったか」**（ライオンキングの名台詞を引用しています）——アイデンティティの法則へ読み進んでいきましょう！

CONTENTS

SNS×DESIGN RULES OF 22
Creating the future My brand portfolio

Brand Principles

ブックデザイン　菊池 祐
イラスト　三好 愛
DTP　有限会社 中央制作社

SNS×DESIGN

01

アイデンティティの法則

THE RULE OF IDENTITY

誰が何のためにやっているのかを明確にすると
「SNSの不気味」が消えてなくなる

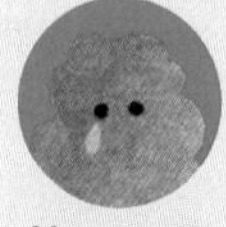

No good!

・自分ブランドもアイデンティティも関心なし

・ハンドルネームは、面白ければ良いと思う

・自分や自分の時間を犠牲にしても別に構わない

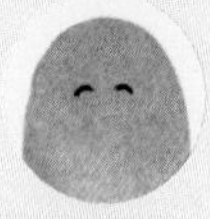

Nice!

・楽しみながら「自分ブランド」を育てている

・チャンスやビジネスが舞い込む「SNSポートフォリオ」

・自分自身の「人となり」や「らしさ」を伝えるタイムライン

01

アイデンティティの法則

「アイデンティティの不在」は、搾取されやすい体質を助長する

「思い出せ。お前が誰だったか」

名作と名高い『ライオンキング』の名シーンの台詞ですが、ムサファ（国王）のこの一言によって、彷徨（さまよ）えるシンバに目覚めの瞬間が訪れます。

「はっと我に返る瞬間」と言う言葉がありますが、ＳＮＳのフィードほど「はっと我に返れない」ようにデザインされているプロダクトも多くはないでしょう。

誰もが何も考えず、何の目的も持たずに、ぼーっとそこにいられる場所。それが可能な仕組みがＳＮＳにはデザインされています。

「いつの間にか半日潰してしまった」

「インフルエンサーの投稿を見続けた上に、サブスクの契約をしてしまった」

皆さんは決して悪くありません。ＳＮＳのＵＩ／ＵＸ、そしてシステムの設計が大変によくできているのです。

もちろん、このような状況を「あまり望ましくない」と考える方も少なくはありません。

デジタルデトックス、ネット断ち、つながらない生き方……。

さまざまな「つながらせるUIからの回避ハック」も提唱されています。

しかしながら、私たちのようなビジネスパーソン、学校の先生やお役所勤め、あるいは
「やや堅いお仕事」の方であっても、
「全くSNSをやらないと言うのもあまり望ましくない状況」
に今や追い込まれていると聞きます。

また、新卒、あるいはZ世代など若い世代に対しては、

「若いからSNSは得意でしょう?」

「若いからSNSのセンスもいいに決まってる!」

と、本人の意思と関係のないところで、SNS担当に任命されてしまう……（え、SNSは鍵付きでストーリーしかやっていませんけど）などと言うこともあるようです。

01

アイデンティティの法則

アイデンティティは、アルゴリズムに勝利できる！

流れの早いSNSのフィード、秀逸なアルゴリズム、破壊的な力を持つインフルエンサー……。

そういった抗えない現象に押しつぶされることなく、一般市民の私たちが難なく勝利する方法があります。

それは、日々の投稿が時間の経過とともに「資産」になり、タイムラインを振り返れば「アイデンティティが構築されている」という、**SNSを「自分ブランドポートフォリオ自動生成装置」にするための初期設定**をしっかりやっておくということです。

本書では主にビジュアル戦略を中心にお伝えしていきますが、あなたがすでに有名人やインフルエンサーであっても、**この最適化によりインプレッションはさらに上がる**と言えます。

ただし、特に次に該当する方にはほぼ効果がないので使用しないでください（逆に♡印の方には大変有効です）。

×本名や所属を隠した第2アカウントや別アカウント（裏垢）として活動している人
×短期間でいいね！やフォロワーを増やしたい人
×バズりたい人
×炎上マーケティング傾向で活動したい人
×ビジネスユースではなく家族や趣味のためだけのアカウントの人
×すでに何万人もフォロワーがいる人
♡本名あるいはただ一人を特定するペンネームを使用している人
♡ビジネスや社会的な活動を優先したい人
♡自分ブランドを強化し、今、まだ自分を知らない人とのセレンディピティに繋げたい人
♡SNS上にポートフォリオがあると便利かもしれないと考える人

01

アイデンティティの法則

ハンドルネーム（ID）は、思いのほか重要

ブランドのお仕事をしていると、事業拡大に伴う社名やロゴ変更など、比較的大きな予算が動く案件に関わることがあります。

これらのほとんどは「シニフィアン」と「シニフィエ」、すなわち**実態とイメージが乖離した「記号論的な認知の不一致」が経営に大きなダメージを与える**からですが、リニューアルのたびに膨大なコストがかかり、また新しいイメージが定着しない場合のリスクも懸念されます。

では、なぜ、そのようなことが起きるのでしょうか。それは、**企業やブランドが生き物のように成長し、変化しているから**です。

もちろん、変化を遂げることは悪いことではありません。ですが、今、もし、ゼロからSNSを始める、あるいはリスタートするタイミングであれば、なるべく長く使えるハンドルネーム、アイコン、プロフィールを用意しておくことをお勧めします。**自分自身の変化と、長く続けることを両方イメージして携える。**これが、SNS自分ブランド醸成装置への第一歩です。

ヨーロッパや中東への事業進出に伴い、アルファベット表記を外したスターバックスのグローバル共通ロゴ

「汝（なんじ）、己を知れ」

とはいえ、スターバックスのようなメガブランドと全く同じこと、面倒臭い難しいことをするわけではありません。「汝、己を知れ」は古代ギリシャの格言として有名ですが、今風にざっくりいえば、

「人のことはもういいから、自分自身の内面をしっかり見つめ直そうぜ」

と言うことになり、これが、ＳＮＳで新規のハンドルネームを作成したり、アイコンのデザインを決める時にとても役立ちます。

例えば、本書の企画はある年若い編集者さんのリクエストから始まったものですが、最初は「現在の鍵付きアカウントを公開して、自身のキャリアにふさわしいものにしたい」といった相談でした。その後、法律など硬めの書籍で実績のある中堅編集者さんに代わったのですが、彼女の場合は、「自身の担当書籍の売り上げを少しでも上げたい」という目的を持っていました。同じ編集者さんでも少し、事情が異なっていますよね。

ただ、このお二人に共通している項目があります。それは、彼女たちのいずれも「編集

者」と言う生業をとても大切にしていると言うこと。

もしかしたら、**会社や勤務形態は変わるかもしれない。けれども、「編集者としてのアイデンティティ」は継続され、「編集者としてのポートフォリオ」は蓄積されていく。**このことに意味があります。こういったケースのハンドルネームでは、アイデンティティの軸である「編集者」に、固有名詞（お名前の一部やニックネーム）をプラスすることをお勧めしています。

別の事例で、「お料理の力でコミュニティを創出するプロ」の方のお手伝いをしたことがあります。お料理関係の方を「フーディスト（Foodist）」と言いますから、「コミュニティーフーディスト（Community Foodist）」がブランドのアイデンティティになりました。

また、例えば会社員である私が、副業で老後のためにお花屋さんを開業するとします。花や植物はもちろん、ハーブやフラワーティーも扱うかもしれません。さらにこの副業がうまくいって、事業承継してくれる人が現れるかもしれません。

そんなふうに、ハンドルネームを決める時は、「**もしも、未来がこうなったらいいな**」と言うバッファをあらかじめ想定しておきます。

名前や愛称以外のハンドルネームのつけかた

事業体の想定	ハンドルネーム候補	解説	取得難易度	独自性ランク	マイナス要因
花屋	FLowerShop Flower House	花屋だとわかる	一般名詞のためほぼ不可能	▲	先行他社と差別化しづらい
○○さんの花屋	○○さん's Flower Shop	誰それの何屋なのかがわかる	難易度高い	▲	属人的であり、オーナーが変わったときにアイデンティティの変更は必要
事業継承可能な花屋	Earths-Flower-Official	思想的なもの、公式アカウントであることが明確。「Earths」の部分はそれとなくわかる造語を使用する	「造語」「カテゴリ」「立場」3つの組み合わせで敷居が下がる	○	—
カフェ付きの花屋	Earths-Flower-and-Cafe	思想的なもの、事業内容がわかる	「造語」「カテゴリ」「別カテゴリ」3つの組み合わせで敷居が下がる	○	—
花関係全体	Earths-Flower-and-Everything	事業拡大したときに困らない	「造語」「カテゴリ」「可能性」3つの組み合わせで敷居が下がる	○	—

3つのステップで始める「自分ブランド構築SNS」

それでは、早速、あなたのケースで自分ブランド構築のための初期設定を行っていきましょう。ここでは、いわゆるインターネットコンテンツの王道の**「ロングテール」**、マーケティングでは定番の**「差別化と競争優位」**、私の専門である**「映え（ビジュアルマーケティング）」**も意識して進めます。

ステップ1 **定義づけ＝ブランドデザインの基本**。自分自身のルーツ、SNSアカウントの目的やゴール、ブレない軸を中心にハンドルネームを考えます。長く使えるものを選ぶことがポイントです。（ロングテール＋差別化）

ステップ2 **宣言する＝見せ方（ディレクション）の基本**。いわゆるプロフィールアイコンの設定です。アイデンティティは、無変更が望ましいですが、プロフィールアイコンは、その時の状況や時代の流れを汲み取って入れ込んでもいいでしょう。投稿のトーンやキャラクター（一貫性）の基本にすることも可能です。この次の章でさらに詳しく解説し

ます。（映え＋差別化）

ステップ③ 活動フィールドを決める＝プロフィールに何を書くかで「人となり」が深まります。 専門性、所属、属性やハッシュタグ、活動拠点などを入れます。（競争優位＋差別化）

アイデンティティが定まらない SNS×DESIGNは難易度が高い

こういった**自分自身のことを考える作業と**いうものは、意外にしんどいものです。なぜなら、「自分のことは自分で見えない」からであり、自分自身を客観視することは全ての人にとって難題です。

もし、「難しいな」と思ったら、あまり迷わずに誰か親しい知人、友人に思い切って尋ねてみましょう。自分のことを知るのは、（強みを知ることにもなりますが、弱点を知ることに繋がりますし）しんどいこともあります。ただ、最初から他人の視点を取り入れておくことは、ゆくゆく、コミュニケーションコストの削減や自分自身のプレッシャーを減らす「鍵」にもなります。

一番避けておきたいのは、自己開示をしないことです。

これは、自分の本名や自分の顔を晒さなければいけないということとイコールではありません。自己開示をせずにＳＮＳを楽しんではいけないという決まりはないのですが、その貴重な時間や操作の全てが、ＳＮＳのプラットフォーム側の収益にはつながるものの、あなたのブランド資産にはなりません。

ついつい依存してしまいがちなプラットフォームや誰もが見られるソーシャルメディアだからこそ、「自分に都合よく使う」ための軸をあらかじめ作っておくことで、**自分の将来への投資**にもなりますし、**自身の無固形資産を増やす**ことが可能になります。

SNS×DESIGN

02

アイコンの法則

THE RULE OF ICON

誰に話しかけられたら嬉しい？
アイコンはエンゲージメントの先端だから「イメージが9割」

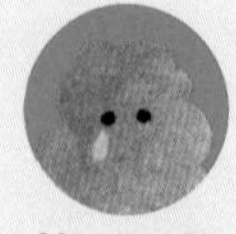

No good!

- ペットのお気に入り写真をアイコンにしている
- アイコンが加工てんこ盛り
- アイコンをしょっちゅう変える

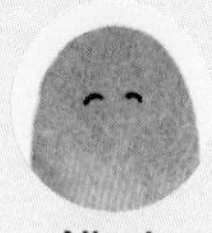

Nice!

- 明るく撮れた顔写真をアイコンにする
- 顔写真に抵抗がある場合は、イラストや全身写真にする
- 一度決めたアイコンはなるべく長く使う

300ピクセルで始まる「ソ活のススメ」

アイコンのデザインについて私が研究を始めてから、少なくとも15年以上の月日が経ちます。

時は2010年。現在も六本木のミッドタウンにある「デザインハブ（Design HUB）」をお借りして、当時は半年に一度のペースでデザインイベントを開催していました。

勉強会の名称は「デザイン・マーケティング・カフェ」。デザイナーや、いわゆるインフルエンサー（当時はアルファブロガーと呼んでいました）とともに、当時のツイッター論客にして「哲学教授」、経営学の分野で権威のある京都大学の「マーケティング教授」、大学教授でありませんが、実用的な著作を多く出されている「心理学本の作家」などをゲストに招いては、「**ツイッターのアイコンはどうあるべきか**」など、命題めいたことを真面目に語り合っていたのです。

勉強会は、当時の取引先であった酒蔵の振る舞い酒（しかも発泡酒）の乾杯から始まるなど、カジュアルで自由な雰囲気もありました。

もちろんこの勉強会で出会った人たちのほとんどは、最初からの知り合いではありません。ツイッターでの呼びかけやイベントプラットフォームによる広告を見て集まってきた人たちであり、**SNSをきっかけにしたリアルでのつながりを大事にしていた人たち**です。

今では当たり前ですが、その最初の出会いは300ピクセルほどの小さなアイコンから始まり、その後は逆に勉強会に招かれたり、共著の執筆をしたり、お仕事のアサインをいただくなど、今に繋がっています。

先日、そういった中のお一人が代表を務めるある有名企業から、ブランドのお仕事が舞い込みました。

SNSフィードを「公開履歴書」として使用していたことで、ニーズに応えられる人物であるということが、しっかりプレゼンテーションできていたからだと思います。

02

アイコンの法則

アイコンの選びかた

事業体の想定	アイコンのモチーフ	解説	トリミング
花屋（専門店）	専門性に準ずる	花屋だとわかる（お店のロゴでも良い）	ー
有名人、芸能人	なんでもいい（無敵）		
インフルエンサー（バズラー）	ネタ性、時代性を重視	特徴的で普通ではない	その人だとわかればなんでもいい
インスタグラマー（バズラー）	ネタ性、時代性を重視	映え重視	時代感、構図の美しさ、写真の映え
ソ活（求職中）	判読性を重視	好印象重視	バストショット あるいは、日常的な仕草がわかるぐらい（その人となりが見える）
ソ活（ポートフォリオ作成中）	好印象を重視	明るく爽やか、独自性、好印象	バストショット あるいは、その人となりがわかりやすい
ソ活（個人ブランディング）	好印象あるいは個性（らしさ）を重視	独自性、専門性、好印象	バストショット あるいは、その人となりがわかりやすい
推し活	推しがわかればいい	特徴的で普通ではない	その人だとわかればなんでもいい

アイコンが怪しいと、アカウントも怪しく見える

インターネット上に掲載される自分の顔写真は「プライバシー」であると同時に、**「今後の人生を積極的に切り拓いていくための自己開示の道具」**であるとも言えます。

「イケイケの雰囲気は少し恥ずかしい」「なるべく控えめでありたい」

そのような姿勢には謙虚で、好感を持たれる要因も含まれていますが、「恥ずかしさ」がビジュアルとして**おかしな方向**に向かってしまう場合は注意が必要です。例えば、顔が見えないほど暗い写真や、違和感を感じるトリミングを使用しているケースなど、SNSのアイコンとして考えれば、個性的で許されるような気もしますが、「SNSフィード＝公開履歴書」の原則においてはNGです。

この場合、「わざとやっている」人が多いのですが、近寄りがたい雰囲気を感じ、記憶

に残りにくいことも予想されます。**実際、本人にお会いするととても素敵な紳士だったりすることも多く、もったいない感は否めません。**

動物フィルターで加工、あるいは、実際に犬や猫など自分のペットを自身のアイコンにしてしまうケースも同様です。

人間の脳は、自分にとって最も大切でかつ接触体験の多いものをより精密に認識します。ネット上のプレゼンスを高めたい、受託を増やしたいのであれば、「人間の顔」が最も人の脳に優先的に認識されることを意識しておきましょう。

「爽やかすぎるくらいの明るさ」でちょうどいい

いわゆる履歴書や証明写真であれば、正面を向き、歯を見せない笑顔、ダークな色のスーツ、バストショットなどが基本ですが、SNSのフィードに繰り返し流れてくるアイコンには、フレンドリーで親しみやすいものがふさわしく、証明写真よりも雰囲気重視のもので構いません。

横向きや多少俯(うつむ)いていたりしても、**個人の雰囲気や特徴が滲(にじ)み出ていればいいでしょう。**

「なんだかわからない」あるいは「心を開いていない」「自己開示する気がない」と感じさせるものは避けましょう。

「背景」がその人を作り、「明るさ」は印象を左右する

「その人がどんな人なのか」を語る要素の多くはそのステージ（背景やライティング）作りにあります。

笑顔が爽やかな男性のストック写真を使い、生成ＡＩなどを使って背景や洋服のバリエーションを作ってみました（次ページ）。同じ人物の同じ表情の写真なのですが、背景や顔の明るさで、印象が変わります。

❶オフィスで、ジャケットを着用（顔が見えない、見えづらい）
❷オフィスで、ジャケットを着用（顔がはっきり見える）
❸明るい窓際で白いシャツを着用（全体が明るく顔もはっきり見える）

❶は勤務先などで撮影するというシチュエーションで、臨場感があっておすすめなのですが、顔が暗くてよく見えません。本人から言えば、**「宣材写真のような」感じが恥ずかしく、控えめにしているためのセレクト**だという意見をよく聞きます。顔出しをしたくないので、後ろ姿というものもたまに見かけますが、「ソ活」としてはお勧めできません。

❷は、顔がはっきり見えますが、紺色のジャケットは背景が暗いことで明暗差（コントラスト）が強調されます。どちらかといえば、シャープな印象になりますので**管理職の方やマネージャー職のアイコン**にも向いています。ただ、SNSの特徴として、フィードに流れてくるもの全般的に、暗いものよりは明るいもののほうが目立つ傾向があります。**アイコン全体に言えることは、あまり暗すぎないほうが、目につきやすいといえます。**

❸は、少しラフな感じですが、全体的に明るい光が感じられること、顔も明るめに補正してあり、SNSのアイコンとして考えると**「覚えやすい」「目立ちやすい」「好感を持たれやすい」**アインコンと言えます。実際にファンが多いインフルエンサー、SNSのビジネスに関わる方などは「しっかり顔が見える」「感じがいい」「印象がぶれていない」ことに加えて、明度・彩度の高めの背景を使ったりとそれぞれに工夫されているので、参考にしても良いと思います。

「顔ははっきりは見えないけど、いい雰囲気」の作り方

プライバシーは重視したい、けれどもあえて写真を使うならクローズアップを避け、なるべく「引き」のアングルにします。**バストアップよりももっと引いて、全身が入るくらいのトリミングであれば、もう、顔の細かいところまではほとんど見えません。**

それでも、確かに人がいて、存在感を感じ、それはフェイクでないことも伝わります。全身が入る写真を写真の上手な友人、知人に撮ってもらいましょう。

それでもやはり「実写」のアイコンに抵抗がある方もいるでしょう。そういった場合には、「人となり」「らしさ」「ストーリー」など、世界観や由来がしっかり伝われば、**「実写」のアイコンでなくてもOK**です。

イラストの似顔絵アイコンなどは、履歴書には貼れませんが、SNSのフィードとは相性が良く、好感を持たれやすい手法です。

個人ブランドをアップするという意味では**「顔」は印象に残る**ので、向いています。

02

アイコンの法則

SNS × DESIGN

03

プロフィールの法則

THE RULE OF PROFILE

C（Category）・B（Biography）・P（Purpose）で
顔出ししなくても「どんな人がやっているのかわかる（感じ）」

03

プロフィールの法則

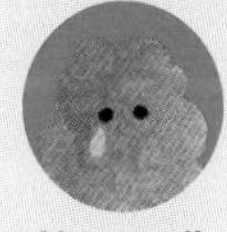

No good!

・プロフィール欄に何を書いたらいいかわからない

・好きなことが多すぎて書くことが絞れない

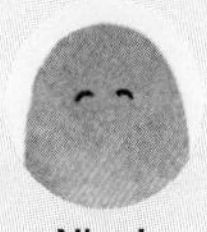

Nice!

・プロフィール欄は小さなホームページ

・「種別」「紹介」「目的」の3つで「らしさ」を表現

プロフィールで出版が決まる？

もう10年以上前のことですが、経営者やビジネスパーソン向けのデザインの本を書きたくて、出版コンサルタントに相談をしたり、出版企画セミナーに通っていたりした時期がありました。その時に、「ブログの記事と同じくらいプロフィールは大事。プロフィールで出版は決まる」という趣旨のことを言われた記憶があります。

もちろん、「プロフィールさえ際立っていて面白ければ必ず出版できる」とは限りません。けれども、私たちが300ピクセルの「アイコン写真」でつながるかどうかを決めるのと同じくらい、プロフィールは、人の魅力や特徴を伝える上で大事な「フロントポジション」であり、新しい出会いや繋がりを作る上で特に重要だ、ということです。

私自身も、企業のリブランディングのタイミングで経営トップの方の「ビジュアルブランディング」を担当することがありますが、写真と同じくらいプロフィールの表現や項目の順序には、気を使います。なぜなら、

03

プロフィールの法則

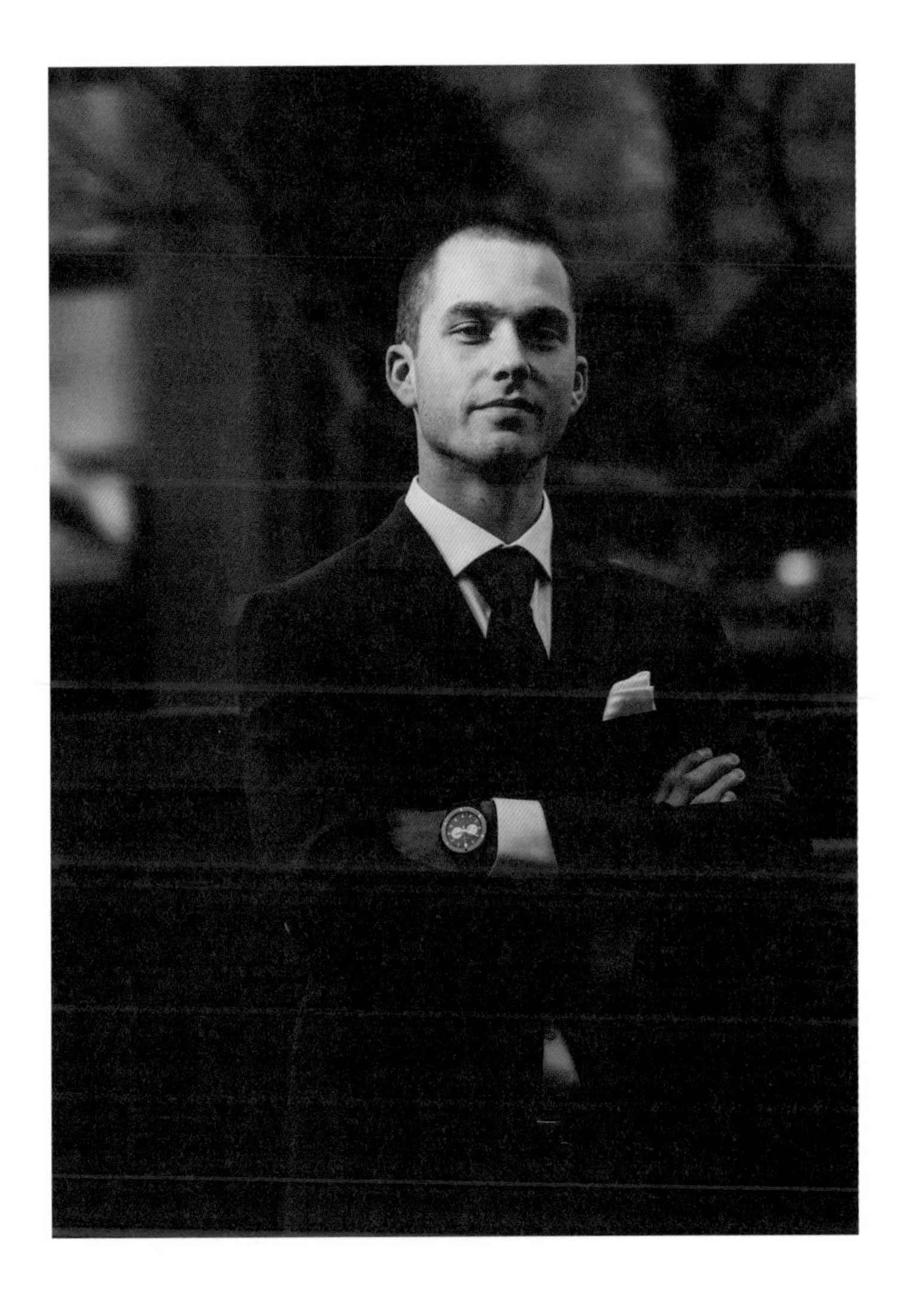

❶採用（この会社に応募するかどうか）
❷ビジネスパートナー（この会社と取引するかどうか）
❸この人の書いた本を読むかどうか（気になった書籍の著者を検索して）

など、多くの人の意思決定に、「トップがなんと言っているか」「代表プロフィール」は、直結しているからです。しかも、この❶から❸までを見る人たちは、たいてい、何社も企業のホームページや採用のサイトを穴のあくほど見続けています。採用や企業ブランディングに限らず、**プロフィールはいつも、誰かとあるいは何かと比較されています。**

出版のプロフィール講座では、ビジネスの実績を端的にわかりやすく伝える手法などを紹介していましたが、本書では、「私発行の私証明書」というべきビジュアルイメージや継続的な画像投稿との「両輪」となるプロフィール、すなわち**ビジュアルコンテンツのコンセプト**としても重要な、プロフィール作成手法を紹介します。

03

プロフィールの法則

私自身による、私発行の証明書

Instagramのプロフェッショナル版では、アクセスログなどのインサイトを見ることが可能です。特に有料（課金された）広告の成果を図る際には「プロフィール」を何人が見にきたか――つまりプロフィールへのエンゲージメントが重要視されます。

「あ、素敵な投稿だな」

「魅力的なコンテンツだな」

プロフィールを見て……

「なるほど」

「フォローしてみようかな」

と、なることがゴールです。

SNSがあまり得意でないと感じている人の多くは、**「何を投稿するか」で悩んでおり、**投稿のスキル以前の問題でもったいないことになっています。

そして、「何を投稿するか」について、深く考えることをやめてしまい、

「映えそう！」
「写真写りがいい！」
ということで、**自分の専門性や売り込みたいポイントに関係なく、パンケーキやラーメンをアップしてしまうことになります。**

映えるスイーツや自撮りの投稿は、エンゲージメントも高く、反応率が良いのも確かです。ただ、この「いいね！が多くくるから」という「いいね！至上主義」を優先しすぎるとフィードが支離滅裂になる可能性があります。

日々の投稿に統一のトーンをつくり、1枚の絵が全体でも絵になるような「レール」のようなものをあらかじめ引いておくことをお勧めします。

プロフィール3本の矢

「プロフィール3本の矢」とは、**Category（種別）とBiography（紹介）とPurpose（目的）**という3つのレイヤーによるプロフィール作成のディレクトリ構造を指します。Instagramなどのビジュアルプラットフォームでは、最もバズる投稿の王道は、これらのうちの「どれかだけ」、例えば「Category」に特化し、食べ物であれば食べ物、旅であれば旅写真のみ、投資や恋愛のテクニック紹介ならそれらの紹介動画のみを投稿することです。当然これらは、インフルエンサーやバズラーを目指す道であり、「ラーメンインフルエンサー」を目指すTさんであればもちろんこれでOKです。

ところが、「ソ活中」の場合、絵になるし「いいね！」がくるからと、ラーメンばかりあげていたらどうなるでしょう。あとでフィードを眺めてみたら**「私って誰だったっけ？」**ということになります。

「ソ活中」であるからには、もちろんInstagramだけでなく、全てのSNSを統合して自分のブランドを構築するのがベストですから、編集者であれば、「ラーメンの人」や「カ

レーの人」になってしまうのではなく、**「編集者のSさんが、今日はInstagramでラーメンを食べてる!」**という投稿をデザインしなければいけません。

それぞれのプロフィールの矢について説明します。

- **C＝Category**　種別紹介です。「日常を投稿する」「食べ物を投稿する」など、投稿のカテゴリについて書きます。これはハッシュタグなどでも置き換えが可能なものです。編集者のSさんの場合は、自身の担当する仕事、日々の日常、お気に入りの時間をメインに投稿することにしました。
- **B＝Biography**　自己紹介です。所属、専門、趣味などですが、一旦は、書籍編集者であることだけを書いています。

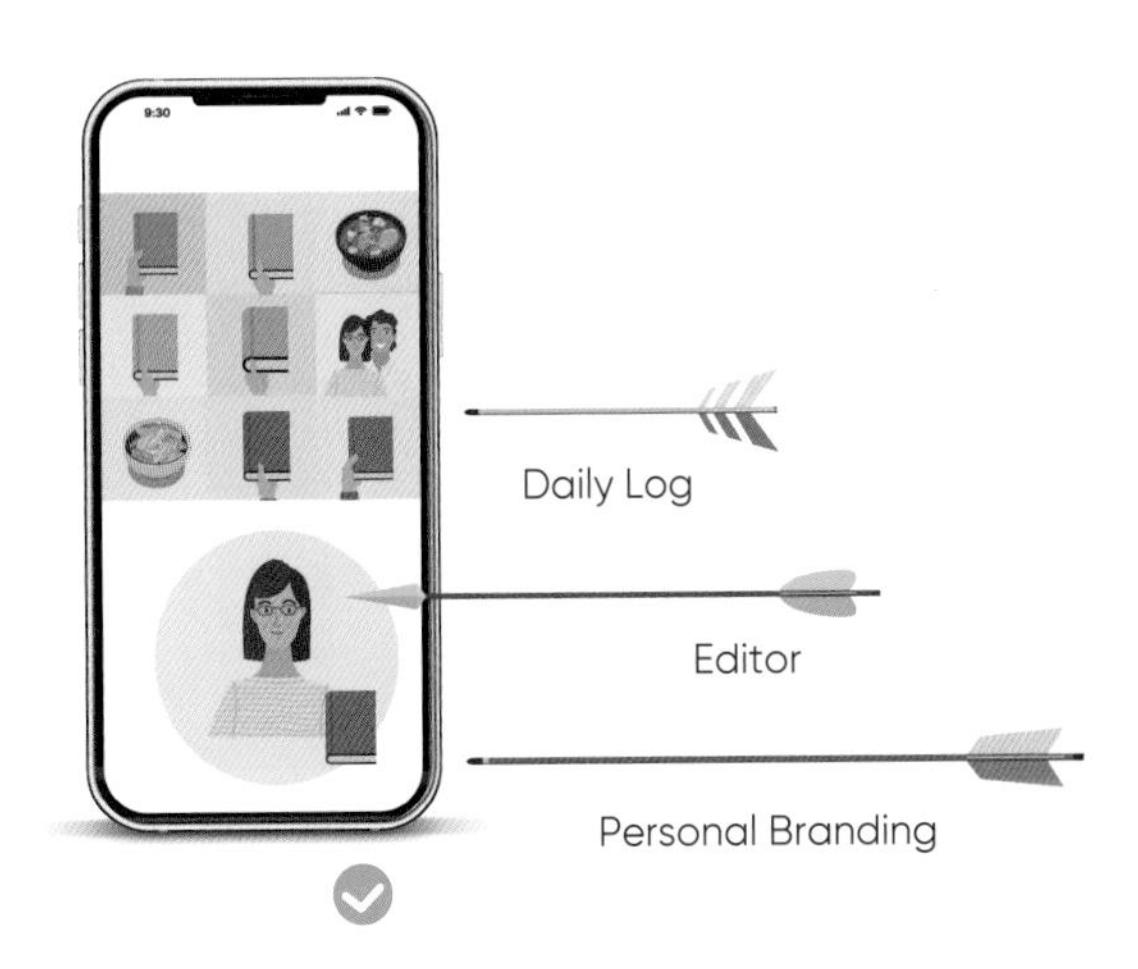

● **P＝Purpose**　目的の明示です。美しい時間を切り取ります、写真の練習をしています、読書日記をつけてます、食べ歩きが好きですなど、行動の指針を書きます。編集者のSさんの場合は、まだ年齢が若いこともあり、今すぐというわけではないにせよ、今後のキャリアアップを考えて、個人ブランドを（自身の人柄も含めて）高めよう、と密かに考えていました。このような目的であれば、「日に3回以上つぶやかなければ」「週に3回以上は投稿しなくては」というような、追い詰められた気持ちになることはありません。**マイペースで、丁寧に投稿をしても、個人ブランドを高めるフィードが、時間の流れとともに完成**していきます。

プロフィールの答え合わせ

本書の担当編集のNさんは、法務など硬めの書籍を専門とする出版社から、ITやデザインにも強い出版社に転職して来られました。今までSNSは家族や友人への近況報告に使用していたため、最初の頃はいわゆる「告知」業務に少し抵抗感があったと言います。

ただ、実際に新刊本が完成し、出来立てほやほやの新刊カバーをアップしたところ、思った以上に多くの反響がありました。

それはやはり、**身内専門SNS仕様を変更**し、アイコンには表紙カバーの作家さんが記念に書いてくれた似顔絵、プロフィールには担当書籍や書籍編集者であること、人となりがわかる自己紹介（カレーが好き）などが丁寧に記載されていたからこそ、それが身元保証となって、

「この本を作ったのはこの編集さんなんだ」

ということがすぐにわかり、

「この著者の人を応援したい！」

「この本面白そう！」

と、「共感をカタチにしやすかった」のだと思います。

SNSはおおよそのものがコンパクトにできており、プロフィール欄も派手なウェブサイトに比べたらスペースはわずかですが、**ここは「自身のホーム（ページ）」**であり、自分自身が発行する証明書であり、とても重要なもの、と考えておけば間違いはありません。

SNS × DESIGN

04

主体性の法則

THE RULE OF INDEPENDENCE

情報時代に搾取されないコツは
自分が一次情報発信者になることだ

04

主体性の法則

No good!

- 「忖度シェア」「お返しリポスト」はすれど自分のことは後回し
- フォロワーのご期待に添うべく「グルメ写真」の連投

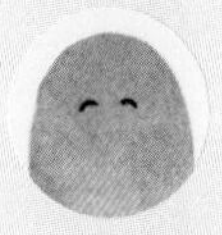

Nice!

- リポストにはひとこと感想を加えて「自分の投稿」に
- 仕事の投稿9割、プライベートの投稿1割がベストバランス

公開履歴書の「自分軸」は、一次情報の発信から始める

主体性の法則とは、「自分軸」を固めて、ご自身の手でコントロール可能なフィードを作り上げる「投稿ガイドライン」のようなものです。

そもそも、ＳＮＳのフィードには、

- **面白ネタ（ついついクスッとしてしまう）**
- **グルメネタ（ついつい食べたくなる）**
- **動物ネタ（可愛くて見惚れてしまう）**

など、人間の本能にアプローチ可能な「秀逸コンテンツ」が雪崩のように流れてきます。

そして、それらについつい反応してしまいがち。特に、流れの速いＳＮＳ（Twitter＝現在のX）などは「ついうっかり体が反応」してしまいリポストなどをしてしまうということも。

ところが、普段は見る専門で、用事がある時だけひょっこりＳＮＳに顔出しをするような私たち「ソ活」族にとって、たまの投稿がリポストだとすると、（投稿数の多いインフ

ルエンサーのリポストとは異なり）全くエンゲージが上がらないどころか、ほぼ、**インプレッション（＝反応）が少ない投稿**になるでしょう。

本来、リポストは「顔出しせずにその他大勢に紛れる」意味で大変に良い手段ですが、あなた自身を印象付けるフィードやログ（記録）には向いていません。

ですから、あなたの手で撮った写真をあなたが投稿する、つまり、**一次情報の発信**がやはり大切になってきます。

そこに**あなたのアイコンが表示される**という意味でも、価値ある記録投稿にいずれはなってくるからです。

親切心が仇に。「シェア投稿」が自身の影響力を下げる？

主体性の自分軸を高めるには**「一次情報」の発信**と書きましたが、一次情報と二次情報の違いをFacebook投稿で確認しておきましょう。

例えば、Bさんが、知人の酒蔵イベント告知情報を個人のFacebookフィードにシェアするとします。

一般的には、リンクをシェアすることで、**OGP画像**と言われるサムネイルが表示されます。正確にいうと、SNSでWebページがシェアされると「タイトル」「画像」「URL」「説明文」が表示される仕組になっています。これがデフォルトの「シェア」になります。

かつて、SNSに人がいなかった時代は、1日になるべくたくさんの投稿をすること、シェアをたくさんすることには、直接、その人の影響力を強める効果がありました。また、現在においても、先ほどのXのリポストと同じく、インフルエンサーや影響力の強い人が行えば、これはしっかりフィードに流れてきます。

投稿の使い分け

投稿の種類	シェア	コメント付きシェア	1次情報としての投稿
メインのコンテンツ	リンクURL	シェア投稿に付随するコメント	自分自身のコメント
メインのビジュアル	OGP	OGP	自分で撮った写真あるいはイベント側が用意したビジュアル
投稿の手間	簡単	コメントを考える必要あり	投稿を作らなくてはいけない
リーチを促す方法	日頃から多投稿を心がける インフルエンサーに近づく すでにインフルエンサーである	日頃から多投稿を心がける インフルエンサーに近づく すでにインフルエンサーである	自分で撮ったユニークな写真であれば、リーチしやすい
日頃の投稿	SNSフレンドリー	SNSフレンドリー	実業優先 SNSは、二の次になってしまう
属性	インフルエンサー バズラー 有名人	インフルエンサー バズラー 有名人	ソ活
SNSの目的	影響力を高める 自身の考えを伝える	影響力を高める 自身の考えを伝える	公開ポートフォリオ 社会的な存在連絡

ところが、最近では、多投稿する人（例えば、目安で1日に6投稿以上する人）のフィードは、盛んに流れてくるかというとそうではなく、Facebook側に勝手に間引かれてフィードに流れてきます。また、投稿数がもともと少ない「眺める専門」の人が、まれに知人友人の告知協力としてシェア投稿のみを続けると、これもフィードに流れてきません。もちろん、「いいね！」も決して多くなりません。

プラットフォーム側としてみれば、ビジネスの周知宣伝には課金、つまり、広告投稿をしてもらいたいのが本音だと思います。

自分で撮った写真で、エンゲージを高める（Facebookの場合）

つまり、「とりあえずシェア」することをまずは一旦思いとどまり、**「自分軸の投稿」**に変換する作業を行いましょう。

自分とそのイベントがどういう関係であるのか、また、自分で撮った写真などを織り交ぜて、あくまでも「自分軸」で投稿を行うことができれば、エンゲージも上がりやすくなります。

「とりあえずシェア」を繰り返すか、このひと手間をかけて「自分の手で撮った写真」を投稿するかで、あなたのフィードのイメージはかなり変わります。存在感が増すだけでなく、リアクションも増えているはずです。

画像には「ロゴや文字が入りすぎていない方がいい」これだけの理由（Instagramの場合）

バズを目的とする投稿では、瞬間的なリーチが勝負になります。特にマーケットが日本国内であれば、画像へテキストでタイトルを入れた投稿の推奨は、バズを誘導する攻略本でも多くみられます。

一方で、私たち「ソ活」族は、瞬間ではなく、記録として振り返った際により重要と思われる投稿を重視します。

つまり「長い時間をかけて」「なるべくたくさんの人に見てもらえる」投稿が正解となります。そして、たくさんの人に見てもらえるということは、「見られない人」を減らす、ということにもつながります。最近では、ショート動画にテキスト（テロップ）を入れる

とエンゲージが上がるというデータがありますが、**機械翻訳も可能なシンプルなもの**をお勧めします。

ですから、日本語がぎっしり入りすぎて機械翻訳が不可能なデザインは推奨しません。もちろんGoogle画像検索エンジンでの評価も「判別不能」な画像のランクは下がります。「見やすい」「わかりやすい」投稿がやはり基本です。

最近は、XやInstagramの複数枚投稿（画像）も、Google検索結果に表示されるようになりました。これは、複数枚投稿であっても、1枚目の画像だけでなく、2枚目や3枚目以降も表示されるということです。特に、Instagramに限っていえば、投稿についた「いいね！」数よりも、**画像の品質を優先する傾向**が見られます。

インターネット上の画像コンテンツの強さは、コンテンツの品質と相関します。自身のプラットフォームでのいいね！などの反応が大きかったとしても、長い目で見てユーザーの評価や検索エンジン側が優良なコンテンツだと認めなければ上位には上がってきません。逆に言えば、**投稿当初はさほど目立たないコンテンツであったとしても、品質の良いものは時間の経過と共に評価が上がる可能性も高いと言えます（ロングテール）**。

「仕事9割：趣味やプライベート1割」くらいがちょうどいい

さらに、主体性の軸のためには、「主題」の一次情報発信が重要です。もちろん、ラーメン評論家になる人や、カレーを全国食べ歩いた達人など、特殊カテゴリでのインフルエンサーを目指すのであれば、ラーメンやカレーの連続投稿で構いません。

注意しなければならないのは、**「投稿しやすさ」＝「プラットフォーム側に誘導される、個人情報の出しやすさ」「行動履歴の開示しやすさ」**という点です。

本来、社会的な活動、すなわち、「部長に昇格しました」「受賞しました」「転職しました」などが、自身のキャリア創出に有効なのですが、言いづらい雰囲気が漂っています。「○○さんと友達になって何年目です！」「5年前の旅行はこうでした！」などは、プラッ

ソ活的おすすめ投稿フォーマット

投稿の中の画像率	10%	50%	90%
バズ活の推奨度	☆☆☆	☆☆	☆
ソ活の推奨度	☆	☆☆	☆☆☆
メインのコンテンツ	印刷物のスキャン	文字情報の多い画像、バナー	画像のみ、あるいは、画像メインで文字少なめ
メインのビジュアル	ポスター	タイトル文字	画像
投稿の内容	イベント主催側のテキストのコピペ、文章をそのままシェア	コメントを考える必要あり	投稿を作らなくてはいけない
情報の種類	シェア	シェア+α	一次情報、あるいは、主観を交えたシェア
日頃の投稿	多め	多めあるいは不規則	少なめ、あるいは不規則

トフォーム側から投稿の提案などがある一方で、ビジネスに関連づく投稿と認識するやいなや、「広告」を出すことを提案してきます。

これは、そもそも、**無料ビジネスの仕組み**がそういうものなので、主体性を持って（課金、あるいはマッチしない広告の削除など）自分にとって快適なチューニングをしていくことも大切になります。

「手を動かす」「足で稼ぐ」ことで、自分らしさはどんどん強くなる

自分で写真を撮って、自分の言葉を入れる。慣れない人にとっては、面倒臭いと感じることもあるかもしれません。ですが、ＡＩやデジタル全盛期の時代だからこそ、**わざわざ人が手を動かしたものの価値は上がる傾向**にあります。

ぜひ、ご自身のブランドを高め、「あなたらしさ」を強める自分軸を見つけてください。

SNS × DESIGN

05

一貫性の法則

THE RULE OF CONSISTENCY

自分の中にルールを作ることで
「一貫性」を作る

05

一貫性の法則

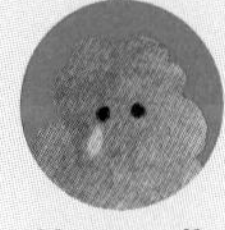

No good!

- 同じような投稿の繰り返しに誰よりも自分が飽きている
- 「いいね！」ほしさについ投稿してしまう

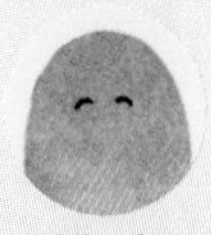

Nice!

- 節目にはあえて「同じフォーマット」で投稿して存在感を
- 「自分軸」を意識して、気持ちよく投稿している

人間とは、飽きるし、迷うし、揺れる生き物である

シャネルやグッチやヴィトンのようなハイブランド、いわゆる付加価値の高い産業はもちろん、世界的なアーティストやお笑い芸人さんなども含め、その人気を保つために時代を超えて利用されている共通のイメージ戦略、それが**「一貫性」**です。

人間はそもそも飽きやすく、気まぐれで、しかも「しばしば間違える」気質があるため、色々あっても「ブレない軸」があること、その拠り所になる独自の部分に信頼や愛着を覚えやすいのです。

先日、審査員を務めるかごしまデザインアワードの10周年記念で「お笑い芸人の野田クリスタルさんがクリエイティブについて鹿児島市長と対談する」という大変面白いイベントにお招きいただき、光栄にもファシリテーターを務めさせていただきました。

野田クリスタルさんは、お笑いのM－1グランプリなどでも優勝、地上波テレビに限らずネットでも人気が高く、今をときめくお笑い芸人のお一人ですが、そんな人気者の野田

05

一貫性の法則

さんが日頃から心がけていることについて、印象的な言葉がありました。

「僕は、ゲームを作ってたとえあたったとしても、ジムをやっても、自分自身はお笑い芸人であるということを常に忘れないようにしている」

「ここが自分の原点だというのを常に意識していないと絶対にダメになる」

ちなみに、イベントは、最初から最後まで、「クスッ」と笑いが絶えない、あたたかさと和やかさに溢れたものとなり、このようなデザイン系催事には数多く出席してきましたが、独特の世界観が出来上がっていて流石だなぁと感じたものです。

お笑い芸人さんに限らず、ブランドとは、**「その人がその人らしい」姿を保つこと**であり、商品であれば「そのメーカーらしい良さ」が突出しているということは外せません。

そして、これは、意外にも自然発生的なものではなく、「意志」や「所信表明」的なものを貫く地味な努力からできており、それを常に自身の傍(そば)から離さないことが、**本来は揺れ動きがちな自分自身を守る武器になっている**、ということです。

例えるとすれば、正義の味方が敵に囲まれピンチの時に使う、目には見えない透明で強(きょう)

靭(じん)なバリアのようなものを思い描いてもらうといいのかもしれません。

自分軸ブランドを育てるおすすめ投稿フォーマット3選

では、その「透明なバリア」をＳＮＳではどうやって作ればいいのでしょうか。

「起点」あるいは「軸」に戻れることを最初に仕組み化しておけば、誰もが迷わずに、いつの間にか透明バリアを完成させることができます。さらに、ネーミングなどもしておくといいでしょう。ここでは、３つ、紹介します。

❶ 基準値確認ローテーション法

最初の事例は、本書の編集担当のNさんにお勧めしているケースです。

Nさんに限らず、書籍編集者の仕事というのは多岐にわたり、また、それ自体がかなり長期化することもあります。本当に頭が下がることばかり。そして、普段から、有名人やインフルエンサーなどとのお付き合いも多く、積極的にオンラインで活動される編集者の方の中には、「バズラー」素質を併せ持った方も多くお見受けします。

編集者さんに限らず、**バズラー系の方の「強み」はほとんどがタレント性、属人的な素質であり、再現は難しいものが多くなります。**「それは、○○さんだからこそ……」というジャンルにおいて、教祖様のメソッドをいくら学んでもそれを私たちが超えることはありません。

そこで、私たち「ソ活」メイトにおすすめするのが**「基準値確認ローテーション法」**です。Nさんのような書籍編集者でなくとも、一定期間内に次々と新商品が出る方や、ある一定の決まり事を持っている方は、「統一性の意識」があればすぐに実行が可能で、とても使いやすいものです。

例えば、Nさんの日常は、新刊が発売されてからというもの、新刊の宣伝、次の企画、編集中の書籍のありとあらゆる雑務、それらをこなしながら、著者さんのイベントに参加し、本屋巡りをし、美味しいカレーを食べ、お子さんの成長に関わるイベントも織り交ぜられます。毎日が変化、変化、進化、そして変化の連続となります。あえて、悪い見方をすれば、「何をやっているかわからない人」になってしまいがちなのです。

気づいたのですが、新刊が発売されるタイミングで、一旦、それは区切りを迎えます。儀式のように、Nさんはいつも、新刊ができた際には、本を立てて撮影を行います。**さらにその瞬間、とてもNさんはイキイキと輝いていました。**

そこで、「いっそ、新刊が出たら、わかりやすく**フォーマット化**（全く同じスタイルをあえて続けること）して、全く同じ構図で撮ることにしてみたら？」と提案しました。変化の中で過ごす人の多くは、変化を作るのがもともと得意で、新刊が出るという事象は同じなのに、ついつい、変化をつけてしまいがちです。そうなると**「本業の軸の印象」**が意外と弱くなってしまいます。

これは、コカコーラやマクドナルドのようなマーケティング先端企業が、さまざまな新

05

一貫性の法則

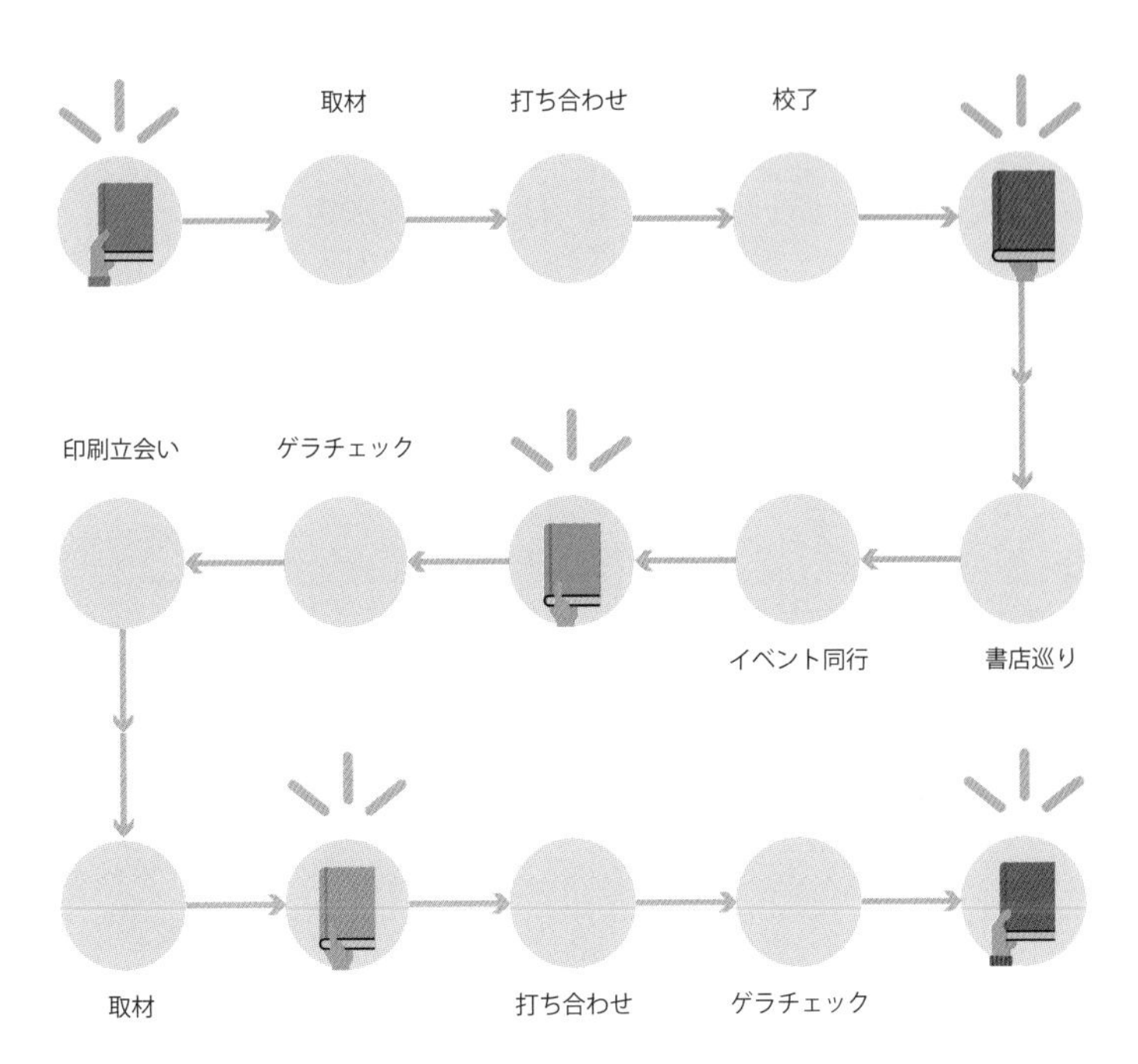

商品、**シーズンキャンペーンなどを仕掛けた後、「定番商品の存在アピール」を「ブランドロゴフィーチャーのベタな広告」でしっかり行う**のと似ています。やっぱり、クラシックコークよね、ビッグマックよね、という**安心感と存在感。ブランドの軸が確認できる**のです。

日常に動きが多く、毎日違うことをしているような方にはぜひおすすめの方法です。

❷ 軸足から90度以内移動&成長法（寄り道法）

専門職、ショップオーナーなどで成長性が高いケース、スタートアップ企業の若社長などにおすすめのフォーマットです。投稿の割合は必ずしも9対1でなくても良いのですが、**寄り道や冒険をよしとし、かつ、挑戦をしながら成長線を描いていくイメージ**になります。

例えば、新規オープンのお店であれば、最初はオープン告知があり、主力商品があり、後はセールやキャンペーンの投稿の繰り返し、テック系サービスであれば、ティザー（予告）広告があり、ローンチがあり、サービス紹介があり、勧誘して、あとはフォローアップなどになりがちです。

個人のビジネスブランディング（パラレルキャリアを目指している人）であれば、自己紹介投稿と副業シーンの連続、など、言い方は悪いですが、**見ている方にとっては「予測可能」な投稿になりがち**です。

いずれも最初の1周目はいいのですが、やがて、同じルーティンとなり、変化がつけづらくなってくると、行う方も見る方も投稿に飽きてきて、楽しく無くなってしまいます。

05

一貫性の法則

そんなとき、ともかく「いいね！」がたくさんつくからということに価値の判断を委ねてしまうと、自分自身の軸が弱くなり、表面的な、脈絡のない投稿をしてしまいがちです。

本業は真面目な編集者なのにカレーの人、社長なのにマラソンの人、実業家を目指しているのに自撮りの人、と思われても不思議ではありません。

ムサファがもしここにいたら、きっとこう言った事でしょう。――**「思い出せ。お前が誰だったか」**

❸ Ｋｉｍｏｎｏデザインシステム（不易流行）

「Ｋｉｍｏｎｏデザインシステム」とは、着物の着付けになぞらえて、ブランドの軸は保ちつつ、あるフォーマットの一部だけを差し替えてアレンジを増やす手法です。２０１９年の**Designship**というイベントで、ブランドガイドラインの概念や手法をＵＩ／ＵＸ系のデザイナーさんたちにも取り入れやすくするためにネーミングしました。

日本には、老舗と言われる長寿企業が多数存在していますが、**その秘訣がまさしく「不易流行」と呼ばれる一貫性を保つ手法で、「伝統」を掲げながらも実際には「チャレンジとの二刀流」**。あるひとつの「型」があり、その一部分でそれなりに暴れたとしても、全体からは決して外れることがない為に安心して冒険が可能です。

例えば、自分自身で、一番投稿しやすいフォーマットを一つ作ったとします。次回、そのフォーマットの一部分だけを変えて、ほかを新しい内容にします。

Facebookや Instagramなどでも、「決まりの挨拶」を必ず休まないインフルエンサーや有名人をよく見かけますが、あれとやっていることは同じです。

有名人であれば、ちょっと面白い枕詞でも違和感がありませんが、私たち「ソ活」民に

05

一貫性の法則

は、少し恥ずかしいな、と思うこともあるかと思います。

有名人のように特にとびきり面白い枕詞を別に考えなくても、**自分自身の投稿しやすいフォーマットを継続することで、不易流行は実現可能**です。

変化に押しつぶされて、フラフラ星人にならない為に

占星術の世界で現在は「風の時代」とも言われますが、「さまざまな変化を強いられる」状況は、今後一層増えていくことが予想されます。

日本では、かつて、「努力」や「我慢」が重要視されてきましたが、これからは、**「先を見据えた戦略を持っているか」**どうかの時代になると考えています。

朝起きて、目覚めて、仕事して、ご飯を食べて、眠りにつくまでの時間は限られており、健康に生きることができる時間も有限です。

なんとなく、ついつい見続けてしまうＳＮＳだからこそ、あなたらしさの「戦略」を仕込み、あなたの武器にしてしまいましょう。誰にも気づかれないで今すぐにできますし、自分自身の手で、次のアップステージに誘うことが可能になります。ＳＮＳを、自分ブランド醸成装置にしてしまうのです。

SNSについての素朴な疑問をプロに聞いてみた－1

回答者：ダッシュボード株式会社 古明地直樹さん（Meta Business Partner）

Q なぜフォローしている人に謎の優先順位をつけて表示したり、フォローしていない人をおすすめしてくるんですか？

A SNSのユーザー数が増えて、人々はすべての情報を追いきれなくなっています。

そこでプラットフォーム側はフォローしている全てを見せるのではなく、ユーザーが見たいものを見たいときに表示するアルゴリズムを開発しています。ユーザーの関心のありそうなコンテンツを次々に表示して快適に好みの情報が発見できるようにするとともに、プラットフォームとして価値を高めるために利用者の滞在時間や再訪問回数を伸ばしたいのです。

Instagramの場合、発見タブやストーリー、フィードなど様々な掲載面でユーザーの利用傾向（いいね・コメント・シェア・どんな動画／画像が好き、または嫌いetc）に基づく異なるシグナルを計測して表示するコンテンツの優先順位を決めています。

これを逆手に取ると自分のコンテンツを優先表示させるにはどうすれば良いのかわかります。また気をつけるのは連投したり、人を騙すようなコンテンツを投稿してしまうこと。逆にシャドウバンと言われる表示抑制がかかる場合があるのでコミュニティガイドラインを守っていくことが大切です。

SNS × DESIGN

06

最優先の法則

THE RULE OF FIRST PRIORITY

「大志」を
気まぐれに邪魔されない

No good!

・気がついたら「いいね！」のために投稿している

・「いいね！」至上主義に疲れて退会してしまう

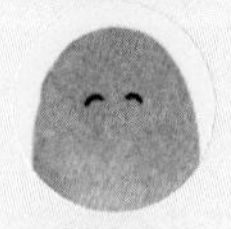

Nice!

・疲れているときに無理に投稿しない

・SNSを自分のブログやホームページのトップページのつもりでコツコツ育てる

「いいね！」の数より「あなた自身と向き合う」こと

最優先の法則は、ＳＮＳがあまり得意でない人が、誘惑に負けず、ビジネスポートフォリオを完成させるための優先順位をあらかじめ決めておくことを指します。

私自身、仕事が忙しくなるとＳＮＳはすっかり置き去りになり、多くの締め切り至上主義の人々がそうであるように**「私を探さないで」**状態に陥ります。

「バズる」ための基本としてよく記されている

「毎日、３投稿以上（Ｘだったら）」

「１週間に、３投稿以上（Instagramだったら）」

というごくごく初級レベルのメソッドでさえ、すでにドロップアウトです。

当然、フォロワーもなかなか、増えません。

インフルエンサーとしてはすでに落第ですが、「ソ活」には落第はありません。投稿ノルマもありません。

あなたのペースで、あなた自身と向き合うことを、何よりも大切にしましょう。

バズらなくても、向こうからチャンスはやってくる

私自身、最初の出版『視覚マーケティングのススメ』のきっかけとなったのは、購読数のさほど伸びていない**ブログの記事**でした。当時はブログアフィリエイト全盛で、記事内にいかにうまくAmazonのリンクを貼るか、それをどれだけ踏んでもらって収益性の高いブログに仕上げていくかというようなメソッドがもてはやされ、数多く紹介されていました。

それに対して私のブログは、デザインのちょっとしたコツや、フォントの謂れ、アートディレクションの際のポイントなどをデザイン職以外にもわかりやすく書いたもので、今現在も専門分野であり、研究テーマとしても継続されています。

つまり、**当時としては、少数派だった**ことで、専門性を高めることができたとも言えます。

初の海外からの仕事のオファーは**Instagramのメッセンジャー**でした。年若いスタートアップの方からの依頼で、その時に国境を超えるSNSの力を実感しました。

06

最優先の法則

今現在のトレンドを読み取り、波に乗ることで「バズ」の恩恵を受けられるのであれば、それはもちろん羨ましいことではあります。

ですが、たとえ「いいね！」や「フォロワー」が少なくても、少ないなりに戦略を持って臨めば、キャリアアップという点では、リクルーティングメディアなどよりはるかに高い確率で自身の望みが叶います。

SNSには学歴や職歴、年齢や性別などによる足切りがありません。リクルーティングメディアを通じて「応募」していたら絶対に出会えない人たちと出会うことができるし、面白い視点から評価がもらえる場合もあります。

その人の「強み」と「らしさ」が時の流れとともに蓄積して、その人の魅力を際立たせてくれる可能性を秘めています。

仕事だけでなくプライベートでもそうです。本当に会いたかった人になぜか会うことができるし、繋がり続けることもできるのです。

ブランディングをKPIに、ビジネスをKGIに設定すると SNSでのストレスが激減する

本書では、SNSのフィードが自分証明書となり、社会的活動履歴になることがゴールです。ですから、**「本業でのイメージ」や「目指すビジネスのゴール」を最優先とします。**

いわゆる、KGI（最終目標）とKPI（中間地点目標）の設定というものです。

新商品を販売する際のマーケティングでは、一般的に数値目標をKPIに設定します。早く結果を出さなければなりませんし、目に見える成果が必要です。

一方、「ソ活」は違います。人生戦略であり、長い時間をかけて蓄積する「無固形イメージ資産」ですから、手元の小さな数字に振り回される必要はありません。

常に、**自分が自分らしくあること、マイペースで負担なく続けられること**を優先します。

精神的に無理をして、アカウント削除のような愚行に至ることを避けるためにも、無理をすることをおすすめしません。

06

最優先の法則

SNSはオウンドメディアへの「どこでもドア」

日頃から本業の忙しい方には、「そもそもの目標として、**SNSはサラッと、自分の誘導したいオウンドメディアへの入り口(インデックス)くらいに考えてもいいよ**」とお伝えしていて、逆に、**ブログやオウンドメディアの方の充実**をおすすめしています。

ネットに限らず、著作への誘導、メルマガへの誘導、動画コンテンツ、会社のホームページや作品のポートフォリオでももちろんいいでしょう。

例えば、示唆に富んだ書評ブログの書き手のSNSだったとしたら、その人にどんな投稿を多くの人は期待するでしょうか。食べ物のレポートだけ、旅行の記録だけ、では、あまりにもイメージが異なり、少し、期待外れということになります。

もちろん、宣伝ばかりしていたら、アクセスやエンゲージメントは伸びませんが、どこへ行っても何をやっても、それらのどこかに「らしさ」が、滲み出ているというのがブランディングとしてもKPIとしてもベストです。

良い景色を見たり美味しいものを食べたりしたら、小説の中の名言を紹介するとか、ビ

ジネス書の有名メソッドを解説してくれたりすれば、最近、読書の時間が取りづらくて……という人も、本の魅力を思い出してくれるかもしれません。

ちなみに、私はデザイナーなので、

自身が提唱する

「一点の法則」（テーマをワンテーマに絞る）

「余白の法則」余白をたっぷりととり、視線を誘導する

など常に意識して、自分の言っていることとやっていることの間に乖離が起こらないように注意しています。

そして、これは意外と「自然発生的」にはできません。

ＳＮＳのＵＩ／ＵＸは、投稿者のブランドイメージやステージアップを応援するツールではなく、有料の広告や提携しているインフルエンサーの投稿に

「思わず反応してしまう」

「時間を思ったよりも使ってしまう」

ようにデザインされているものだからです。

KGIは忘れた頃にやってくる

このように、手元の小さな数字に惑わされることなく、秀逸なUI／UXの誘惑に負けることなく、自身のSNSをウェブサイトのトップページあるいは、オウンドメディアのインデックスに仕上げていったとしましょう。

ある日、いつの間にか、自身の手で発行した「身元証明書」であり、「活動記録」であり、自身の意思や哲学を盛り込んだ「社会的履歴書」が完成しています。

本来、ソーシャルメディアは、人の内面や考え方がとても伝わりやすいメディアです。いわゆる伝統的なメディアで言えば、テレビでも新聞でも雑誌でもなく、ラジオに近いと言えます。

皆さんは、ラジオのパーソナリティでどんな人が好みでしょうか。

私は、明るく元気な人が好きで、無理に元気にしているわけではなく、声にハリがあったり、前向きなコメントをされる方に元気をもらいますし、いいなぁと思います。

これは、何回も耳から聞き続けるうちになんとなく伝わる「その人らしさ」が大きく影響しており、ソーシャルメディアもとてもよく似ています。

デザインを使ったブランディングでは、**その商品やサービスが持っている機能や魅力を「なんとなく感じる空気感や雰囲気」として、纏(まと)わせる**ことがとても大切だと考えていますが、SNSも全く一緒です。

自己アピールするのではなく、知性であったり、優しさであったり、前向きさであったり、**「なんとなく感じる雰囲気」**を大切にしてほしいと思います。

それは蓄積されていくと、必ず伝わるものですし、何よりも他に代わりのない、あなたらしい魅力となり、あなたの「ブランドイメージ」という資産になります。

SNS × DESIGN

07

Win-Winの法則

THE RULE OF WIN-WIN

相互利益こそ
最強のデザイン

07

Win-Winの法則

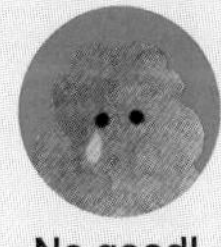

No good!

- 大事なお知らせなのに写真なし
- お仕事紹介は映えなくていい

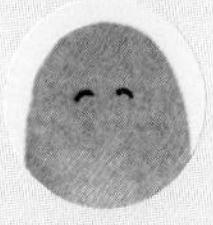

Nice!

- 大事なお知らせに備え、複数パターンの写真を用意
- 告知には季節を感じる一言を
- グルメ写真には得意分野のうんちくを添えて

「私は嬉しいけど」「私はつまんない」を回避したい

Win-Win（ウィンウィン）の法則とは、「自分にとっての良いことと、相手にとっての良いこと」の交差点を探すことですが、本書では、なるべく無理をせずに実現可能、かつ、相互利益が起こりやすい「ソ活の投稿テクニック」を紹介します。

代表的なものは、本来、あまり見栄えがしない投稿に、比較的誰にでも好感が持たれやすい、**「アイキャッチ画像」**を追加することなのですが、これがあるかないかで、インプレッションやエンゲージメントに大きな差が生まれます。

見る人にとっても、こういった「アイキャッチ画像」がついていることで**大切な投稿を見逃さなくなり**、「〇〇さん、昇進、おめでとう！」「新しいチャレンジ、応援しているね！」など、コメントを残すことができ、存在感を出すことが可能になります。

せっかくの投稿も、インプレッションが弱く、フィードにあまり流れないということになると、反応はもちろん少なくなります。

また、大切なお知らせや、素晴らしい社会的活動をしているにも関わらず、反応が薄いことを気にして、SNSをやめてしまう人もいますが、**本当は友人の頑張りを一緒に応援したい、喜びたい人は多いはず。**

フォロワーが多い有名人やインフルエンサーの投稿ではなく、「あなたの近況を知りたい人」や「最近、投稿が少ないけど、元気なのかな、今は何をやっているのかな」などと頭のどこかで気にしてくれている心の友は、**「あなたの次の投稿」を心待ちにしているはずです。**

そして、もちろん、自分の頑張りもあなたに見てほしいし、評価してほしいと願っています。

ビジネス・プロフィール・ステージアップ(アイコン画像のバリエーションをたくさん撮っておく)

よく見かけるものは「代表取締役に就任しました」「転職しました」「〇〇にジョインしました」などですが、プレスリリースなどにも使える、お知らせの用の画像を持っておくことはとてもお勧めできます。

いわゆる「SNS用のアイコン写真」をプロに撮ってもらうついでに、バリエーションでちょっとカジュアルなもの、衣装替え、シチュエーション替え、引き気味の写真を撮っておくという方法です。

これは、比較的大きな企業のカリスマトップから、女性の起業家、カリスマボイストレーナーにもお勧めしていて、皆さんそれぞれ、ブログのカバーやイベントの告知などに、有効に活用されています。

「アー写」とまではいかなくても、きちんとした良い写真は見る人にも気持ちがいいもので、**文字のお知らせだけを見て、「取締役就任おめでとう」「出版おめでとう」と言うよりも、その人の顔を思い浮かべながら、誠意も込めやすくなります。**

07

Win-Winの法則

四季の移り変わりを感じながら、イベントの告知

映えるサムネがない場合のイベントやセミナーの告知、そのままだと生々しい怪我や病気の報告をしなくてはならない時などに、私自身がよく使う方法です。

花や四季を感じる写真を用意し、冒頭にご挨拶を一文入れます。

「春めいてきましたね！」

「今日は、久しぶりに〇〇さんとのコラボセミナーのお知らせです」

みたいな感じです。

このような一見「慣用句」は、意外と馬鹿にできません。ソーシャルメディアは、あくまでも一つの「社会空間」であることから、「おはよう」「ごきげんよう」はもちろん、「暖かくなりましたね」「秋の気配を感じますね」などは、十分に有効です。InstagramやFacebookをここでは想定していますが、後でもしも余計だと思ったら、慣用句や四季の挨拶は編集で取ってしまっても構わないと思います。

美味しいもの×思慮のある気づき

私のフォロワーさんには、著者、編集者、ウェブマーケティングのプロやライターさんも数多くいるのですが、**文章が上手い人がよく使うテクニック**です。

よく見かけるのは、いいお寿司屋さんに行って、ただ、食べてるだけだと食欲旺盛な人にしか見えなかったり、食事の投稿が多すぎるとビジネスのイメージが弱くなりがちなのをわかっていて、あえて、

「含蓄（がんちく）のある言葉」

を添えてしまう方法です。

テキストだけで、もっともなことを延々と書かれていても、「お説教みたい」に感じる若い人もいれば、余裕がなくて、ありがたい言葉を聞く心のスペースがない人もいます。

「でもこれだけは聞いてほしい」「こんな気づきを共有したい」そんな時に、グルメ写真はかなりいい仕事をしてくれます。

どういうことかというと、ビジネスエリートの方、特に文才のある方がグルメの写真をアップしてテレビ番組のように「食レポ」をすると、「ビジネスイメージ」が崩れてしまう恐れがあるからです。株価やビジネストレンド、マーケティング戦略、教育の関係者の方から、醤油の匂いが漂うことは望ましくありません。代わりに、

「先日、どこそこの寿司屋に行った時に気づいたのだけれども……」

とこんな調子です。もちろん、お寿司屋さんは喜ぶでしょうし、見ている人も、すんなり、含蓄のあるメッセージを受け取れます。

（もちろん、食を生業(なりわい)とされる方、シェフなどは別です。ぜひ、プロの解説をお願いします）

正々堂々ＰＲ上等

「宣伝です」

「登壇します」

「新刊が出ます」

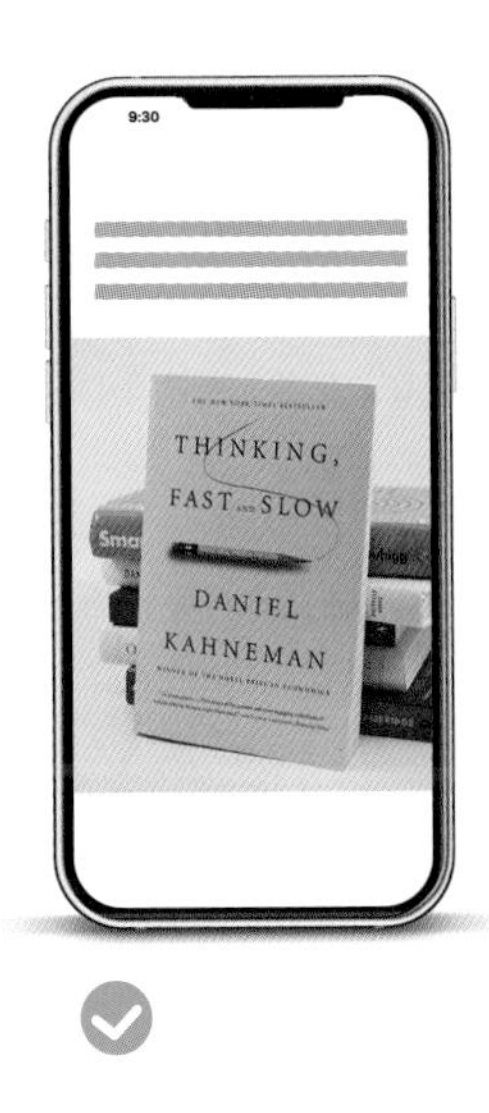

など、目一杯正々堂々と、告知をする方法です。

また、せっかくの「宣材（書籍など）」は、見やすく大きく、**できれば縦位置で入れるとインパクトも増します**。トリミングなどで簡単に縦位置の写真になる場合もありますので、ぜひ、縦位置構図で「正々堂々感」を演出してください。

告知や宣伝は、ビジネスパートナーにとっても、本当に助かるものです。

自身の情報発信が共感を呼び、いつか誰かの役に立つ、さらに、自分の次のステージアップの助けになっているとしたら、こんなにいいことはありませんよね。

SNS × DESIGN

08

理解の法則

THE RULE OF UNDERSTANDING

理解はいつかされるかもしれないけど、
今はされていないを前提にする

08

理解の法則

No good!

- お酒を飲むとポエムを書いてしまう
- つい文章が長くなってしまう
- 何が写ってるのかわからない写真を投稿

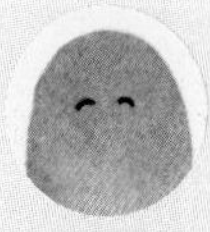

Nice!

- 飲んだら書くな、書くなら飲むな
- 書きたいことは一つに絞る
- わかりやすすぎるくらいの写真を使う

「みんなわかってない。でも、みんな、わかってほしい」

理解の法則とは「理解はいつかされるかもしれないけど、今はされていない」ことを前提に、相手への理解を深めること、また、それにより表現が改善され、表示率が向上することを指します。

特に本書では、**わかりやすい投稿における「ビジュアル」を起点としたフレームワーク**や、記憶への橋渡しまでを解説します。

まずは、わかりにくい投稿を読み解く

SNSでよく見かける「わかりにくい投稿」と思うパターンは次の3種類です。

・何が言いたいのか（趣旨が）わからない
・何か書いてあるのか（なんなのか）わからない

・結局どうなったのか、どうなりたいのか（結論が）わからない

このような惨状については、意外とSNSには溢れるほど存在していて、それはつまり、**誰にでもあること、あるいはやってしまいがちなこと**だからとも言えます。

その理由についても突き詰めれば、大抵の場合は、以下のような状況です。

・言いたいことがストレートに書けない（回りくどくなる）
・シンプルでない（複雑である、視認性が悪い）
・自分自身が迷っている、言いたいことの趣旨が複数にまたがっていて決められない（あるいは酔っ払っていて、通常の判断が危うい状況など）

いずれにしても、「いいね！」とか「なるほど！」と本当は言ってあげたいのに、納得もできないし、何せ結論がわからないので、**せっかくの「受け止めたい気持ち」が中途半端になってしまう状況**です。

反面教師から学ぶ

「伝わらない」投稿や「理解不可能」な投稿は、もしかしたら、暗号的に、特別な誰かには、刺さるものなのかもしれません。

ですが、そのような投稿ばかり続けていたら、エンゲージ（関わりや影響力）は落ちてしまいます。もちろん、やがて、閑散としたタイムラインが醸成されます。

当然、論文やテストであれば、これらは「不合格」ということになるかもしれません。ですが、ここは、学校でも会社でもなく「ソ活」の場なので、

「友よ。大丈夫、わかっているよ。」

と、心の中でつぶやき、その「よくわからない状況そのもの」を受け止めてあげましょう。

そして、自分の投稿については、**わかりやすすぎるくらいの投稿を心がける**ということをお勧めします。

視覚(アイキャッチ)から↓物語(エピソード)↓感動(記憶)関心(アイキャッチ)から↓数字(データ)↓納得(記憶)のパスを繋ぐ

アイキャッチ、すなわちわかりやすいビジュアルをつけることは、SNSの投稿に対する親和性を高める傾向があることについてお伝えしました。

せっかく気にしてもらい、見てもらったところで、ゴールを決めましょう。そのためには、内容を理解してもらうための、納得のスルーパスを出します。例えば、

「病気になったけど学びになった!(ストーリー)」
「ついに、売り上げが3倍になりました!(数字)」

などです。

これで、関心から、納得・感動、記憶定着までの筋道が通ることになり、その後、久しぶりの再会となった時にも、

「そう言えば、少し前に病気になっていたよね? 大したことなくてよかったね!」「そう言えばうちの会社でも案件がありそうだけど、ちょっと相談に乗ってくれる?」

Eye catch　　Story　　Emotional
Understood!

Eye catch　　Data　　Interesting
Understood!

というように、「その次」につながっていきます。

心が動くから、記憶に残る

私たちは、

「あれ、玄関の鍵って、閉めたっけ？」
「さっき、ガスの元栓、閉め忘れた？」

というように、日常生活の中で、「記憶が飛ぶ行動」というものにしばしば襲われるのですが、これらの多くの原因が、「感情が伴っていなかったから」というデータが報告されています。

逆にいうと、「感情が動いた事柄は、記憶されやすい」ということです。

・視覚（アイキャッチ）から↓物語（エピソード）↓感動（記憶）
・関心（アイキャッチ）から↓数字（データ）↓納得（記憶）

このフレームは、ＳＮＳの投稿に限らず、ＴＥＤのようなスピーチイベントや、ビジネスピッチ（起業家による投資家へのプレゼン）にも使えるものです。

自分にとってそもそも少し遠い話題や、ＳＮＳのように流れの速いフィード、競合相手が多数いる場合などは概ね関心度が低いので、理路整然とした説明だけでは、アテンションもインパクトが弱く、画像のように、見ようとしていないのに視界に入ってしまうようなものは有効です。

そして、気を引くために、**感性に訴えかけることも重要ですが、ロジカルに数字やデータを使うこと**、共感を呼ぶエピソードを添えることなどが、お互いに理解を深めあう王道と言えます。

SNS × DESIGN

09

シナジーの法則

THE RULE OF SYNERGY

時の流れが積み上げる、
出会いの糧

09
シナジーの法則

- 自分のアイコンに特にこだわりなし
- Xは好きだけどインスタは苦手
- 大好きなインフルエンサーみたいに大量投稿

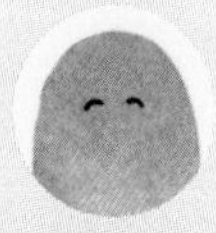

- アイコンで背伸びをしてみる
- 異なるSNS間で微調整しながら印象統一
- 記録として残したい傑作な一投稿を

「偶然」は、仕込みから始まる

「シナジー」とは、一般的には思いを共にする人々との繋がりや共創を意味しますが、さまざまな日頃の心がけや習慣が積み重なって、「望むべきことを成し遂げる」という意味にも捉えられ、「シナジー効果」とも言われています。

私たちのようなSNSにひっそりと生息する「ソ活」族からいえば、タグ付けなどのいわゆる「絡み」やハッシュタグからの「リーチ」などの**小さなきっかけが、キャリアパスやブランディングなどの大きなチャンスにつながる可能性**があり、良い意味で偶然を起こす「仕込み」といえます（SNSのタグ付けについては、一般的なSNS本に詳しく書かれているので本書では省略します）。

ここでは、「ソ活」族にとって、最もおざなりにしてはいけない重要な**「仕込み」**、すなわち未来を作るイメージについて3つ、解説します。「シナジー」を呼ぶ画像やデザインです。

0 9

シナジーの法則

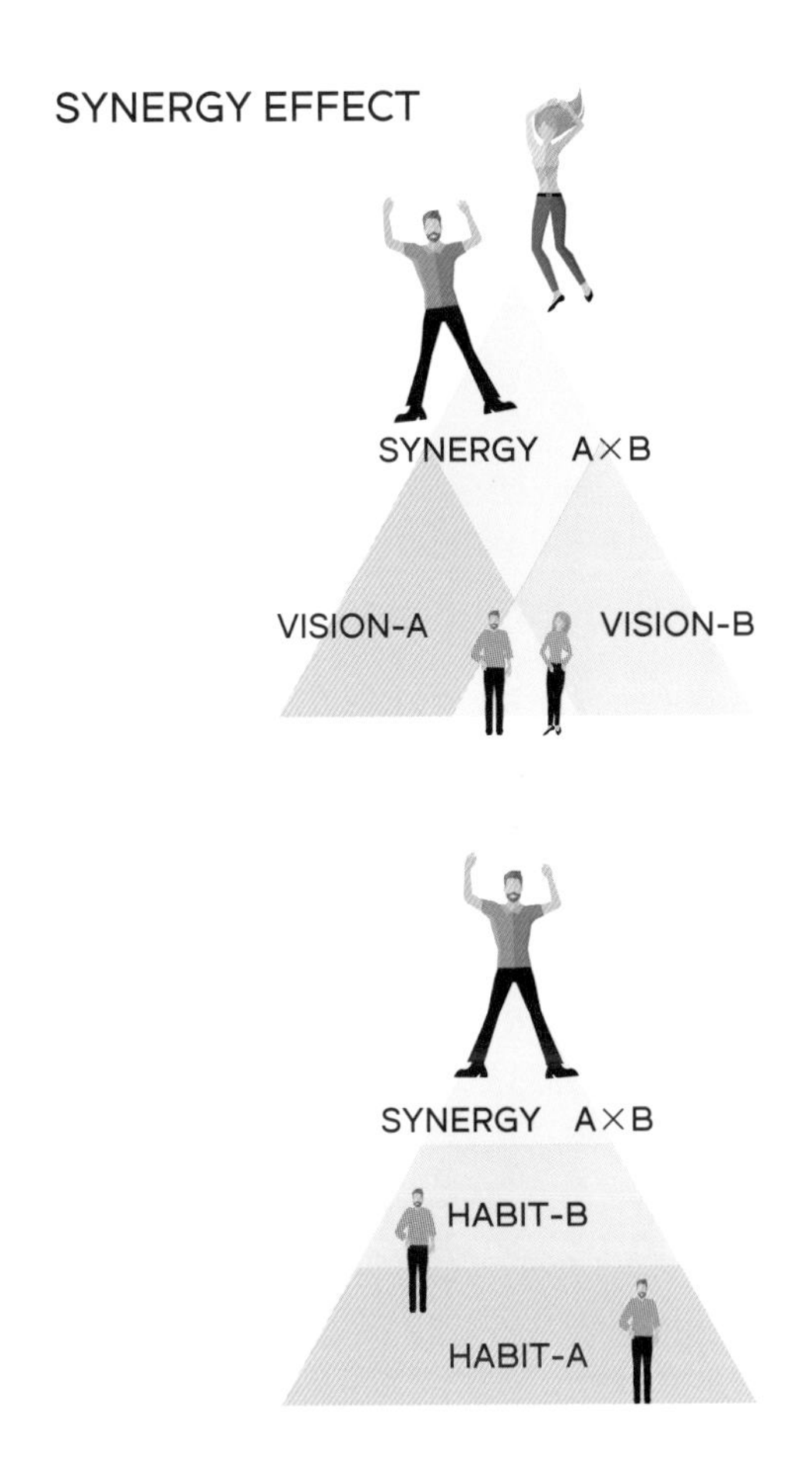

「シナジー」は、違いを超えて考えを発展させたり、日頃の習慣が、積み重なって起こる

❶自分へのサブリミナル画像＝「思考は現実化する」

目に入るもの、すなわち、**身近な存在や周辺の環境**は、人の将来に大きく影響します。**まだ、若いビジネスパーソンがオーダーで仕立ての良いスーツを誂えて自身を鼓舞するようなことと同じ**です。分不相応と言われてしまえばそれまでですが、ある目的や目標に向かっている際に、自分自身が日々、**目にしているものの世界観や品質**を大切にすることは、未来にも強く影響していることを軽く考えない方がいいよということです。

例えば、アイコン写真に使う衣装や小道具、撮影の背景やシチュエーションなどでもいいでしょう。アイコンの「テーマ」に絡んだ投稿を定期的に繰り返すこと、最近では、ピン留めという手法もあります。大切に思っていること、大事なことは**意識をあえて向けずとも、常に視界に入るようにしておく**ことは重要です。

「意志で自分は変えられないが、住むところと付き合う人を変えると人間は変われる」などはよく言われる話です。住むところと付き合う人を変えれば、当然、**目に入る世界も変わってきます**。企業のブランディングでも、よく使用される手法です。

09

シナジーの法則

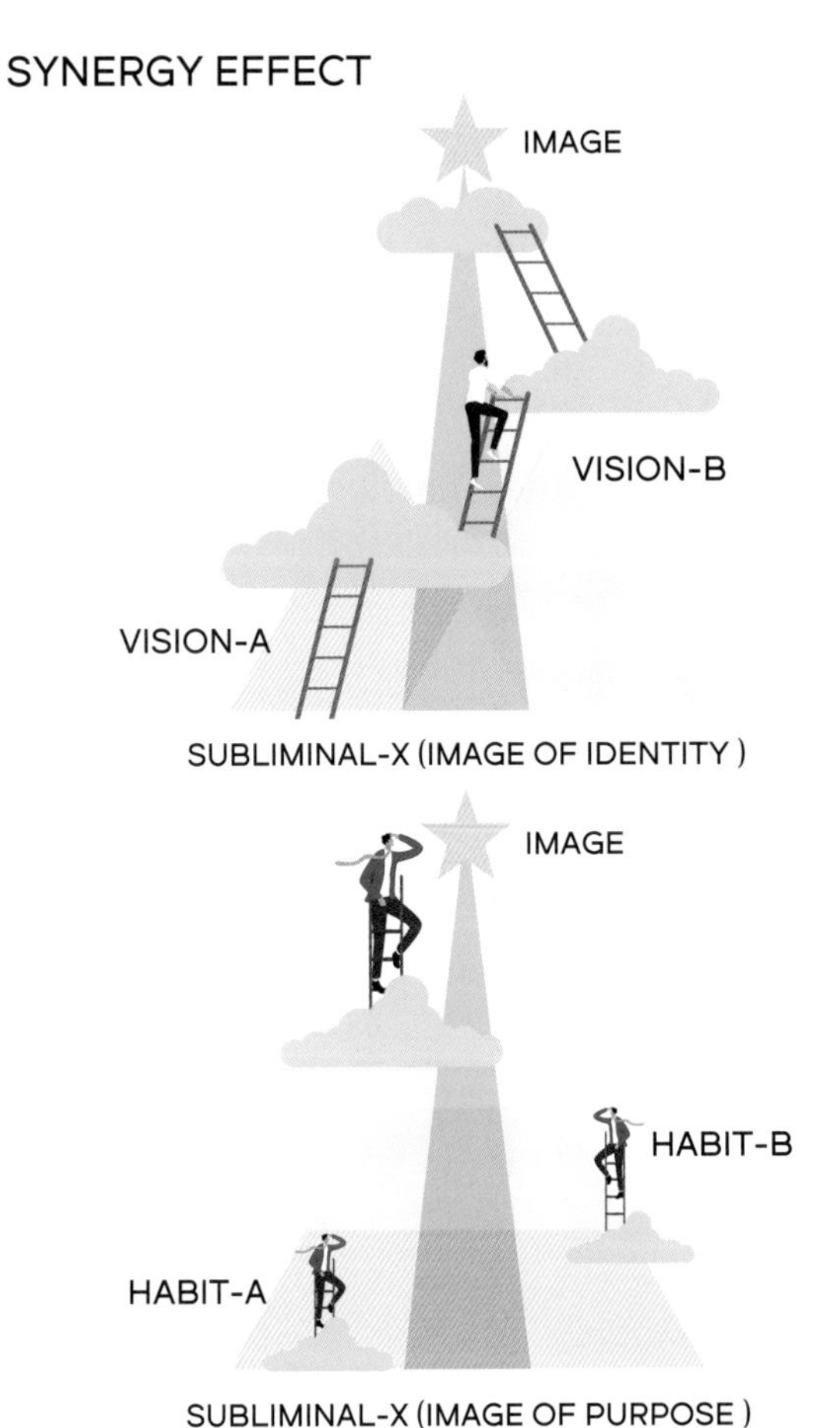

「自分へのサブリミナル画像」をアイデアや習慣の中に紛れ込ませておく

❷SNS間連携の「勝ち筋画像」

皆さんは、例えば、FacebookとInstagramの同時投稿などをしていて、Instagramには良い反応があるのに、Facebookにはリアクションが少ない、あるいはXは楽しいけど、Instagramはなんだかなぁ……、など違和感を感じたことはないでしょうか。

「知人の近況に反応する」「自分の近況に反応してほしい」→Facebookと、「画像に反応する」「ハッシュタグを使用して、画像に反応することによって自分の画像にも反応してほしい」→Instagramとでは、**フォロワーのタイプ**が変わります。現在の仕様では、インサイトや各種のデータが閲覧可能ですから、それぞれのメディアに合わせての投稿カスタマイズは必須となります。

ただ、それぞれの投稿が異なっていても、あなたらしさが伝わる**「キーイメージ（勝ち筋画像）」は、連携しておいて欲しい**ということ。これは、投稿それ自体はカスタマイズをしたとしても、その人らしいイメージは、連動しておいて欲しいということです。

0 9

シナジーの法則

ANERGY EFFECT

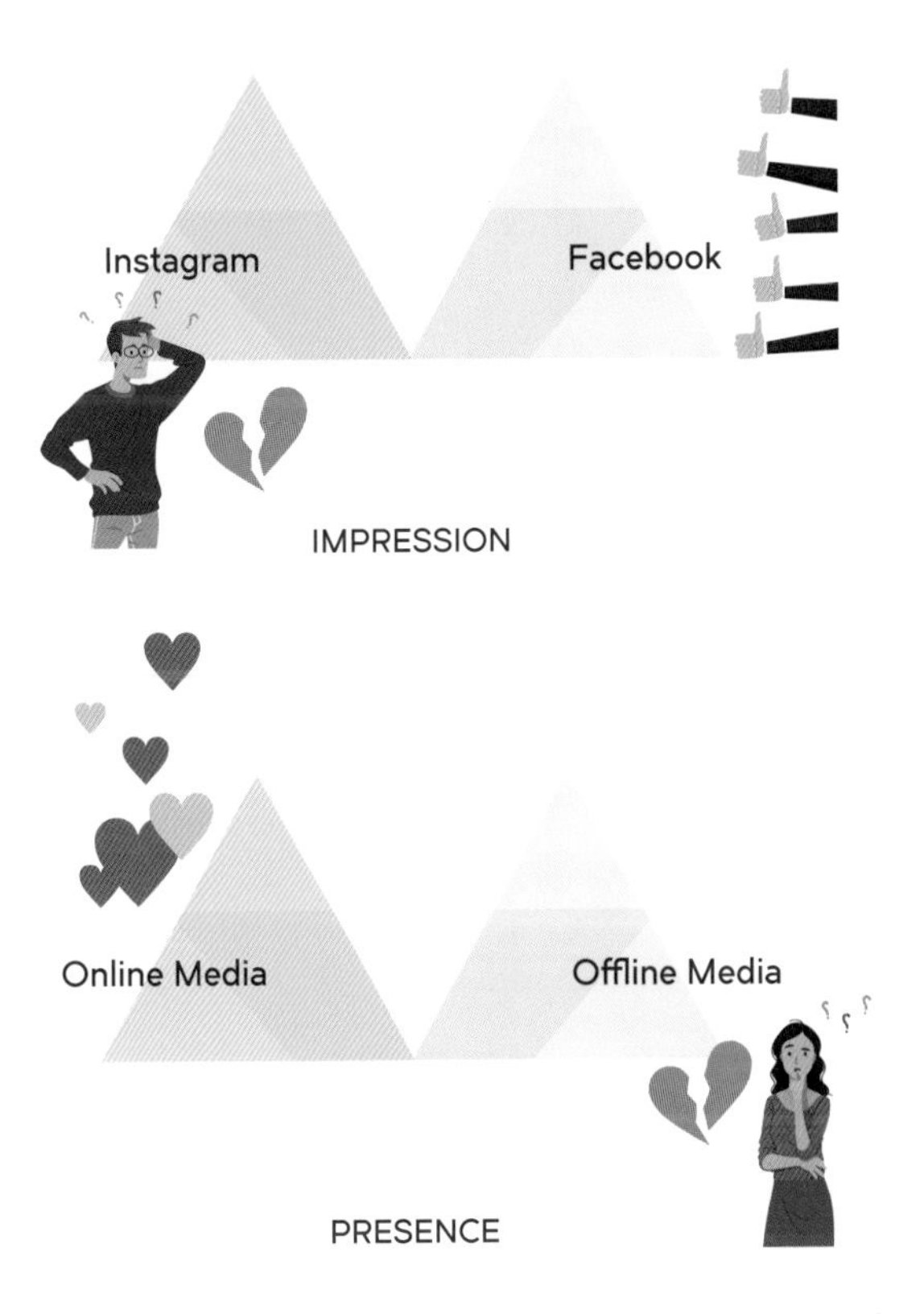

SNS間同士や、オンラインとオフラインの連携が弱いと、それぞれの分断が、印象や存在感のパワーダウンへとつながる

本書の担当編集者であるNさんであれば、新刊のカバー画像ということになりますし、書評ブロガーなどであれば、絵になるキャンプ飯からの読書インサートカットなども効果的です。

「Nさん、新刊また出ているなぁ。お仕事、頑張っているなぁ」

「Bさん、本当に読書好きだなぁ。すごいなぁ。偉いなぁ。また会いたいなぁ」

多くのフォロワーはあなたの「意外性」について、たまに目につく程度で満足してくれるもの。**実際には「本来のあなたらしさ」を求めています**。

反応を気にせず、仕事の近況を伝えていたら、「あー、○○さん、頑張ってる。私も頑張ろう！」と思ってくれるのが真の友人とも言えますし、人事採用の担当者であっても、そのようなリアルな情報を求めているはずです。

09

シナジーの法則

SYNERGY EFFECT

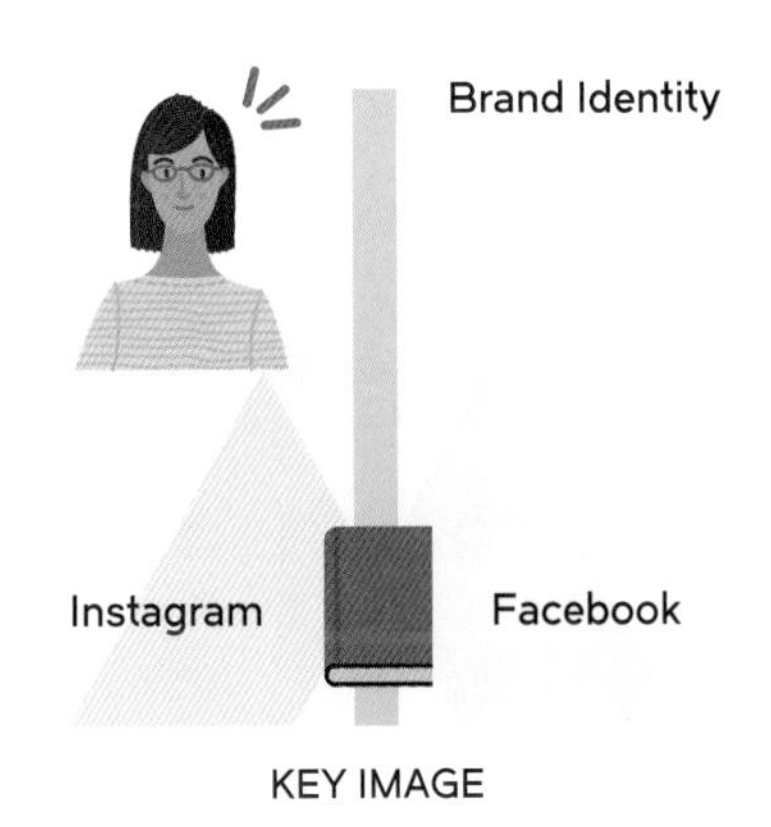

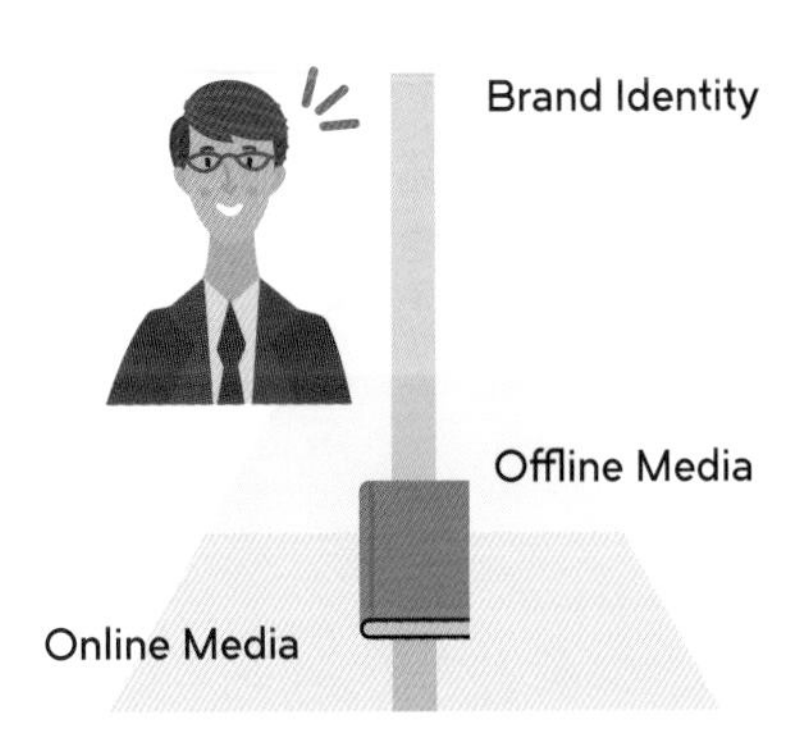

SNS間同士や、オンラインとオフラインを「キーイメージ」で繋いでおくと、同一性、一貫性が高まる

❸時間差で印象を定着。大事なのは「急がば回れ」

せっかくSNSで繋がったのに、その人の投稿がフィードに流れてこない、あるいはあまりその人の投稿を見たことがなかった、などの経験がある人も中にはいるのではないでしょうか。

タイムラインやフィードで出会えなくても、繋がっていることで印象が蓄積されている場合もあります。瞬間を制すると言われるSNSですが、**長い時間をかけて、繋がりが築かれているという事実の重要性にも目を背けることはできません。**

瞬間に追われず、自分らしさを醸成していく長期的な戦略が有効になります。

プラットフォームは「課金ユーザー」「インフルエンサー」以外にはストレスをかけ続ける

もちろん、多くの人は、持続継続やロングテールをわかっています。それでも、なかな

09

シナジーの法則

EXISTENCE ACCUMULATES OVER TIME

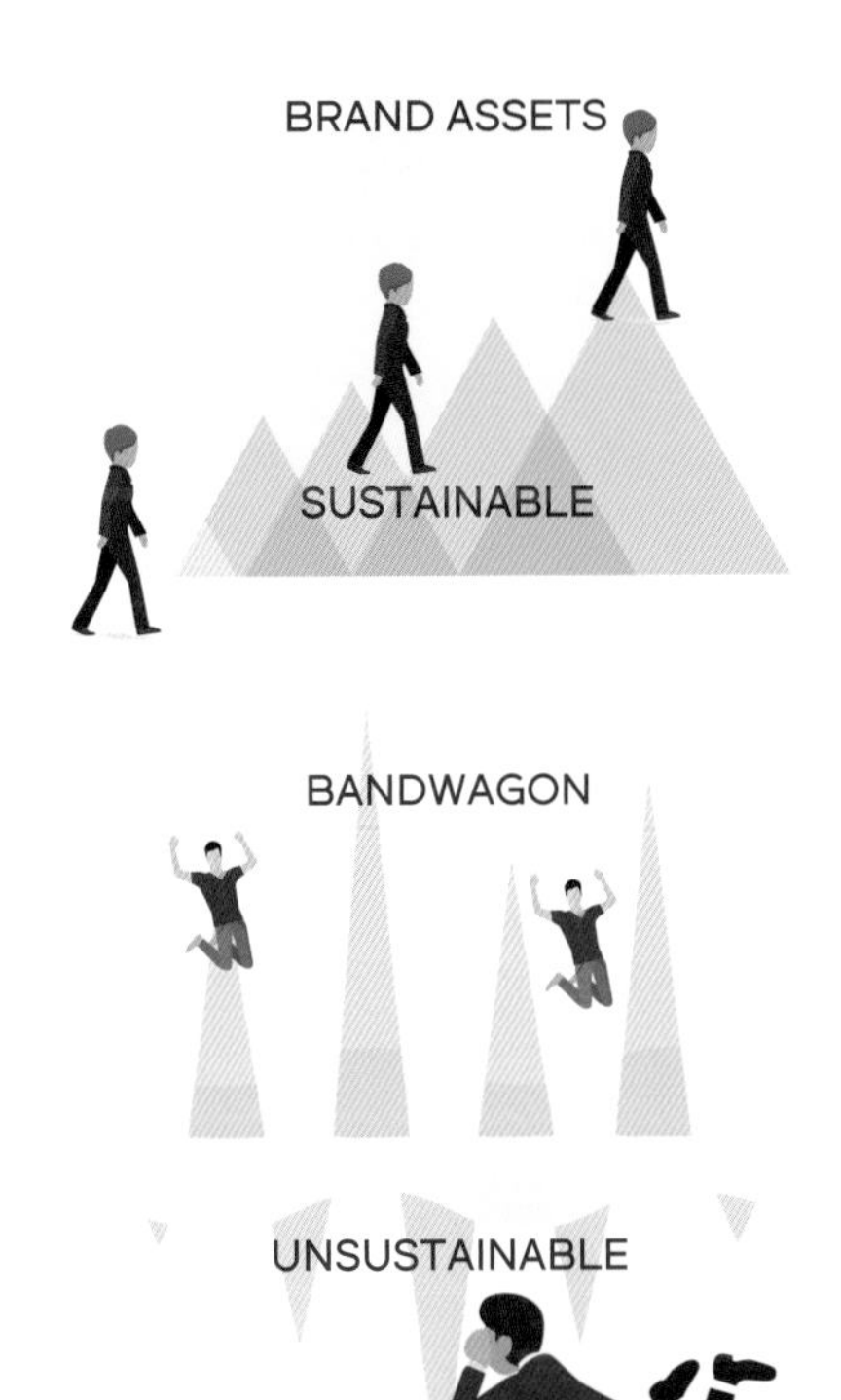

一部のインフルエンサーや課金を除いて、バズや多投稿に消耗すること自体にリスクがあるということを認識しておく

か、ゆったりのんびりでは、自分の思う通りの情報発信は叶い難く、ストレスを感じるのも無理はありません。なぜなら、それが、無料サービスであり、**メジャーリーガー相手に、草野球選手がバッターボックスに立っているような状況だから**です。

だからと言って、長期的なブランドイメージを大切にしたければ、無謀な多投稿や連投は、避けることをお勧めします。

かつては、多投稿が王道と言われたオンラインメディアやSNSですが、「連投」をスパムと見る傾向など以前とはアルゴリズムにも変化が起きています。

Xであればユーザーの有料アカウントへの移行を、Metaであれば、サブスクリプション登録をしてほしいと望んでいるからで、無料のユーザーに対して動画を途中で遮る「YouTube」のストレスの掛け方同様、大切な投稿をフィードに流してもらわないと困る人たちに、「課金」を促す戦略といえます。

瞬間的なインプレッションのために頑張ることももちろん大切ですが、自分自身の証明書、公開ポートフォリオという目的においては、今日の投稿の「いいね！」数に振り回されることはありません。

長い目で見れば、シナジー効果は満を持して必ず訪れるからです。

SNSについての素朴な疑問を
プロに聞いてみた－2

回答者：ダッシュボード株式会社 古明地直樹さん（Meta Business Partner）

Q 友人よりもインフルエンサーのリポストばかり流れてくるのですが、なぜですか？

A インフルエンサーのリポストも前述のアルゴリズムによって優先順位が決められてユーザーのフィードに流れてきます。友達よりもインフルエンサーのリポストが多いと感じられるのであればそれは貴方にとってインフルエンサーからの投稿のほうが関心が高いとシステムが判断したことによります。

また、たくさん投稿やシェアをすることを「無作為に」行うことは最近のアルゴリズムでは**スパム行為に近くなります**ので影響力でいうと逆効果です。

自分の投稿を多くの人に見てもらいたいのであれば常にターゲット層を意識して価値の高い投稿を適切な頻度で行う必要があります。縦型動画など人気のフォーマットを使い、見ただけで終わらないようにユーザーにアクションを促したり、コメントを返信したりしていく必要があります。

SNS × DESIGN

10

得意の法則

THE RULE OF STRONG POINT

「好き」が「得意」に変わる時

10

得意の法則

No good!

- せっかくのライフイベントの報告がテキストのみ
- 画像やデザインツールは苦手

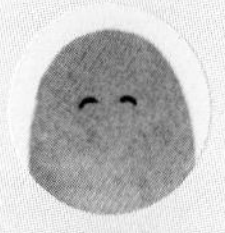

Nice!

- 物が買われるダントツはInstagram。すぐに始めよう
- ライフイベント用に「My広報写真」のストックを
- 画像の用意が面倒なら、商用の写真素材を使っても◎

アプリで製品を直接販売する場合に、
ROIが最も高いSNSプラットフォームは*（上位5つ）

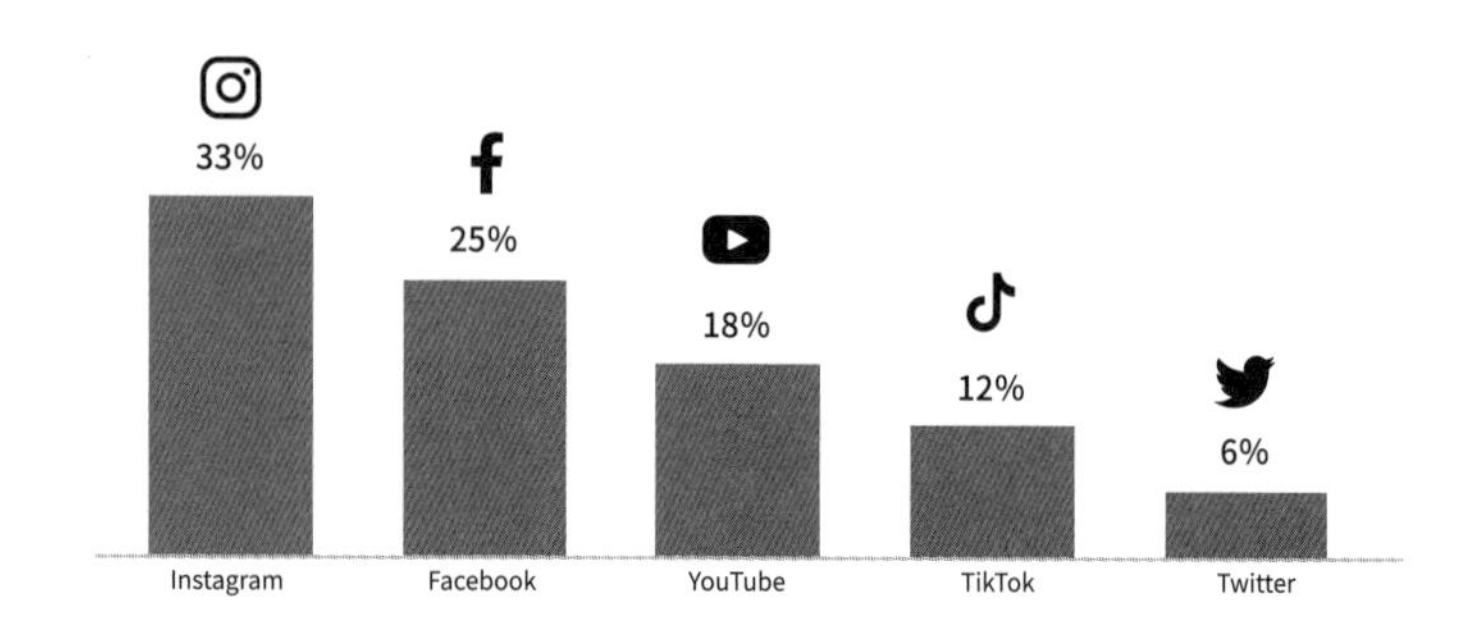

HubSpotによるソーシャルメディア最新動向レポート2023
世界1,000人以上のソーシャル メディア マーケティング担当者を対象にしたグローバル調査（2023年1月）
*調査対象はSNSアプリを使用して販売を行っているソーシャル メディア マーケティング担当者

まず、データは見ておく

「得意」「不得意」は人それぞれですが、本書では、

- **ＳＮＳはやらなくてはいけないけれども、あまり好きではない**
- **ＳＮＳはどちらかといえば得意ではない**

人向けに「役立つデザインツール」を紹介し、ＳＮＳへのストレスを減らした上で、皆さんの得意が磨かれるための勝ち筋を探ります。

　上のグラフは、アメリカの大手マーケティングサービスHubSpotが毎年発表しているＳＮＳに関するデータの中の一つです。

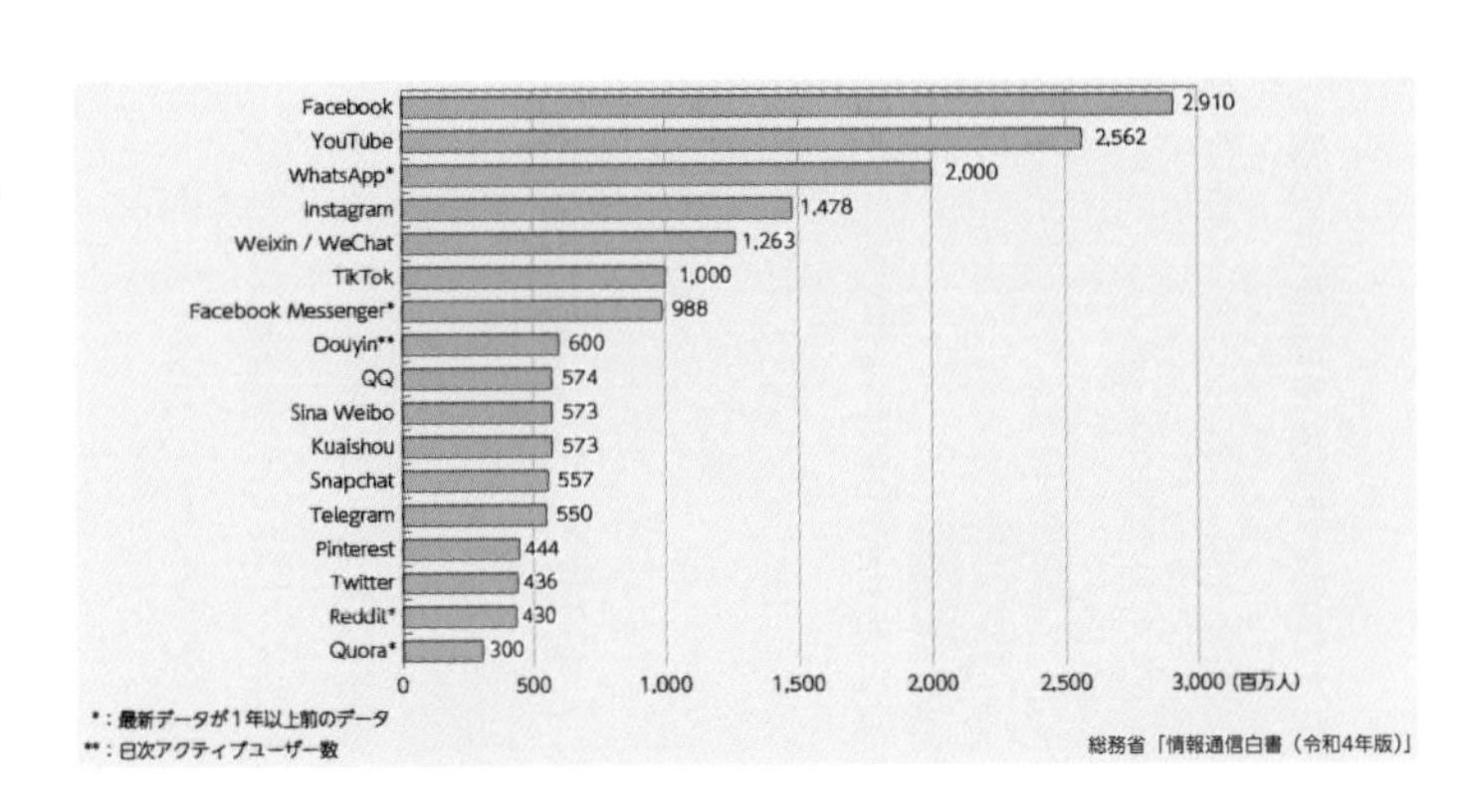

同調査によれば、ソーシャルセリングで投資すべきSNSは、**ダントツ一位がInstagramであり、その理由として、ROI（Return On Investment＝投資収益率）の高さが群を抜いていると報告しています。**

また、各所で発表されているものではありますが、ここでは、総務省が発表しているSNS利用者総数のデータを紹介します。こちらは、意外なことにFacebookが圧倒的1位。

もちろん、X（かつてのTwitter）、YouTube、TikTokなども、Z世代向け、あるいは、特定市場に向けた影響力といった意味で重要ではありますが、FacebookとInstagramは「とりあえずやらなければならないSNSの代表」と言えます。

本書の担当編集Nさんを見ていると典型だなぁと感じるのですが、国内における多くのビジネスパーソンのビジネスツールは、いわゆる**マイクロソフトオフィスがメインの戦場**で、ワードやエクセルがビジネスのお供というパターンを多く見かけます。

私たちのような、いわゆるノンバーバルな世界に生息するビジュアルデザイナーの対局、すなわち**「ことば」の村**に生息していることになります。

「画像・デザイン苦手」意識の根を断ち切る

「ことば」の村に住んでいる**いわゆるインフルエンサー以外のビジネスパーソンにとって、FacebookやInstagramの投稿がやがて億劫になるのは目に見えています。**

なぜなら、Facebookはシェア（リンクのシェアや誰かの投稿のシェア）のOGP画像（プラットフォーム側が提供するサムネイルのこと）でインプレッション（表示回数）が伸びません。当然、リアクションも微々たるものに。また、Instagramをアップするには**いちいち画像を用意しなければならない**からです。

この傾向はＳＮＳに限らず、広告やウェブサイト、**プレゼンテーションで使用する資料**などにも「文字だらけ（画像なし）」という、全く同じ傾向が見られます。

- **画像慣れしていない（「ことば」の村に住んでいる）**
- **ビジュアルを用意するのが面倒臭い（画像ストックがない）**
- **デザインツールを使用していない（使ったことがない）**

「ＳＮＳは疲れる」「実務が忙しくて時間がない」人こそ、**ビジュアルをそつなく攻略**し、自身の専門や得意を浮き上がらせる意識が重要といえます。

幸い、世界的なＩＴ企業の多くが生成ＡＩをはじめ、ビジュアルやデザインに関するオンラインデザインツールを多数展開しています。これらを利用しましょう。

AIと同じように、画像を操る

これらのサービスは、テクノロジーの発達や浸透とも関連が深く、とてもスピーディな展開もあるナマモノ（足が速いサービス）ですが、アップデートのたびに使いやすく更新されています。

ですから、「話し方マニュアル」や「ビジネスメール文体例」のように、新しい時代のビジネスツールとしてこれらを難なく操れる環境を作っておくことは、**DXの波に乗り遅れたくない人にとっても大切**です。

あなたにとっての「ＳＮＳの苦手」は、ビジネスの苦手とも関係があります。弱みを知り、苦手をかわしておくことでストレスや労力は軽減され、自ずとパフォーマンスも上がってくるのです。

おすすめ写真素材サイト5選

写真素材	unsplash.com	高品質写真 基本は無料 一部有料あり クリエイターに連絡が取れる
	stock.adobe.com	写真以外にもイラストや3D素材など豊富 AdobeCCとの連携が可能 無料有り
	pixta.jp	日本人画像が豊富 無料有り
	dreamstime.com	少量・少額の購入に便利
	amanaimages.com	国内素材、各種素材多数 ビジネス使用向き カンプフリー（※）

※B2B契約前提で、提案時のカンプ（ラフデザインのこと）使用に際してフィーはかからない。

ラクに続けていくための戦略

ここでは、主に世界で使用されているデザインのサービスを紹介します。もちろん、全ての人が、SNSごとき、ソ活ごときのために、デザインツールを学習しないといけないわけではありません。

不得意分野で無駄なエネルギーを使って消耗しないためにも、

- **ウェブサイトのディレクションに使える**
- **生成AIを使って、短い時間でクオリティを上げることができる**
- **ワークフローやカスタマージャーニーマップに使える**

このようなツールはそれぞれに便利ですので、ざっくり理解だけはしておきましょう。

また、社内のデザイナーや外部のクリエイターとコラボするシチュエーション、デザイナーでなくても、デザインの可否を決裁しなくてはならない状況は、あらゆるシーンで発生します。PS（プレイステーション）とNintendo Switchの消費者動向と同じように、FigmaとAdobeの市場動向などはチェックしておいて損はないと思います。

おすすめデザインツール5選

デザインツール	figma.com	世界で最も使われている 簡単な図表の作成から、ウェブアプリのプロトタイピングまで
	adobe.com/jp/express/	テキストから生成AIを使用してデザインテンプレートを呼び出し AdobeCCとの連携が可能
	canva.com	誰でも手軽にデザインができる SNSのテンプレートからポスターやチラシの素材など豊富
	miro.com	チャートやビジュアルシンキングなど、デザインのみならず、さまざまなワークフローに役立つ
	イラストレーター（adobe.com/jp/creativecloud/）	世界中のプロが使用するデザインオーサリングツール

「画像の憂鬱」が消え、報告やプロフィール作りはグッとラクに

ＳＮＳをやっていようといなかろうと、人生にはさまざまなイベントが訪れます。受賞、昇進、転職など、広く伝えておいた方が良いものであれば、備えあれば憂いなしということで、**自分用の「広報写真」をぜひ用意しておいてください**。

テーマとしてはわかりやすすぎるくらいにシンプルなもので大丈夫です。

新幹線に乗ったら富士山、出張先の風景、アニバーサリーディナーでの美味しいもの、季節の変わり目には花の写真を余裕がある時に撮っておきます。

もしも、ビジネスパートナーや秘書的なポジションの方、親しい友人などとの同行があれば、**ご自身の姿入りの「映え写真」はいつかのために、撮っておいてもらう**ことをお勧めします。

これらは、あなたの嬉しい報告、得意分野の共有、大切なお知らせの表示率を上げることに直結しており、それら「広報のための」投稿ストレスも激減させます。

10

得意の法則

イベント別おすすめ画像

<table>
<tr><th></th><th>最も望ましい</th><th>望ましい
（写真がない時）</th><th>好感が持たれる、逃げ切れる
（写真がない時）</th><th>表示率（インプレッション）が上がりづらい</th></tr>
<tr><td>お知らせ</td><td>実際のシーンなど</td><td rowspan="5">（できれば自分で撮影したもの）富士山など縁起のいいもの、季節の花</td><td rowspan="7">季節を感じる花、青空、富士山など縁起のいいもの、好物の食べ物</td><td rowspan="4">テキストのみ</td></tr>
<tr><td>転職</td><td>プロフィール</td></tr>
<tr><td>昇進</td><td>本人近影</td></tr>
<tr><td>受賞</td><td>トロフィーなど</td></tr>
<tr><td>病気</td><td>お見舞いの花など</td><td rowspan="3">テキストのみ
具体的すぎる写真（傷口写真など）</td></tr>
<tr><td>退院</td><td>本人近況（元気な場合）お見舞いのお花など</td><td rowspan="2">部分写真（手だけ、後ろ姿だけ、小物だけ）</td></tr>
<tr><td>出産
子供
家族</td><td>瞬間写真
記念写真</td></tr>
</table>

やってみたら意外と面白い

山口県の教育員会からの依頼で、県立高校の生徒たちにネットショップ用の「写真」をタブレットで撮影してもらうというかなり実用的な授業をしたことがあります。

実際、ちょっとしたコツを教えたことで、思いのほか良い写真が撮れたことは大きな成果でしたし、良い経験になったのではないかと思います。若さも相まって、その後、生徒たちの写真の腕は劇的に上達しました。

デザインや美術的なもの、写真撮影などに限らず、マイペースでのんびりと、意外と楽しかったから始めてみたというものは、長く続けるとある日、突然変異を起こします。

「好き」を極めて、「偏愛」を乗り越えると、「達人」になる

デザインを学ぶ学生なら誰でも、モノの見方捉え方の訓練として、また、それらを表現

する訓練として「デッサン」を学びます。そして、面白いことに、何枚も何枚も描き続けるうちに、ある日、突然上手くなります。**綺麗なカーブを描いて日々上達するのではなく、「ある日突然」上手くなるのです。**

「量質変換（量が質に変換すること）」の法則です。

私の母は、女子美術大学の図案科というところを出て、昭和の時代のテレビ局で「テロップ」を書く仕事をしていました。その後、結婚して、テレビ局は退職。映画のタイトルやちょっとした「書き文字」の仕事をその後も続け、美大生である私たち姉妹の学費や画材などもだいぶ、助けてもらいました。

母は「文字」を仕事にしていたので、「文字」は確かにうまかったのですが、絵はあまり上手ではありませんでした。子供心に「お母さん、字は上手いけど、絵はたいして上手くないなー」と、当時、美大生だった私は、正直みくびっていました。

ところが、一円にもならないのに、旅行に行くにも、美味しいものを食べに行くときにも、いつもスケッチブックと水彩セットと一緒。せっかくの熱々のお料理を前に、まずはスケッチブックを開き、絵筆を握っていました。

「60歳」から突然、絵が上手くなる

私も美大を卒業して、デザイナーとなり、手を動かすよりも全体設計や戦略に注力し、若いデザイナーさんなどにお仕事をお願いすることが多くなりました。そんなある日、母の絵が突然、それも劇的に上手くなっていることに気づきました（実際、展覧会でもお客さんがついて、いい年なのに仕事の依頼が来ていることに驚きました）。

ちょうど、60歳になるかならないかくらいの時だったと思います。

コロナが明けた初夏の良い季節、移住先である離島まで遊びに来てくれた時のことです。奮発して「リトリート海里村上（離島では珍しい5つ星ホテル）」に二人で宿泊し、楽しい時間を過ごしました。

鮑の天ぷら、クエの寿司、鉄板フレンチ……

それらが全て、「傑作」になったことは言うまでもありません。

今はたとえ上手でなくても、「自分らしいこと」「好きなこと」を「好きなスタイル」で続けることで、その人の「得意」になる日は必ずきます。

SNS × DESIGN

11

アクセシビリティーの法則

THE RULE OF ACCESSIBILITY

何だかわからないものを投稿するくらいなら
やらない方がいい

No good!

- パッと見で何か認識できない画像を投稿している
- 「コメント」や「いいね」はもらいっぱなし
- 代り映えのしない投稿

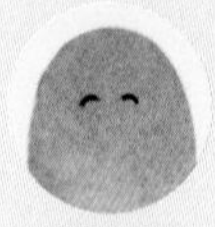

Nice!

- 画像は何が写っているのか明確なものを使う
- 「お返しコメント」や「お返しいいね」で好意を返す
- 「お決まりの投稿」は意外と愛されてるという自覚を持つ

近づきやすいことが最初の一歩

アクセシビリティーとは、主に情報機器やウェブサービスにおいて、多様な背景を持つ多くの人にとって「使いやすく」「近づきやすく」「便利で弊害がない」仕様や設計について目安を定め、改善を重ねていくことを意味します。

近年、国際化も進んだことで、「さまざまな背景や属性を持つ人々に対して弊害をなくす」という考え方は、情報機器やウェブサービスのみならず、まちづくりや環境デザインなどでも重要視されています。

これは「ソ活」ももちろん同じです。

- **何をやっている人かがわかりやすい（見える、読める、わかる）**
- **人柄が伝わり親しみが持てる（フォローしたい。興味関心がわく）**
- **ビジネスやプロジェクトで繋がってみたい（信頼できそう、一緒に働きたい等）**

この3つはまさに外せない視点であり、重要課題と言えるでしょう。

わかりやすさのデザイン

「この人は何をしたいのだろう？」

読み手に負荷をかける謎めいた投稿は、ある一部の人々を満足させる一方で、ソーシャルな繋がりを加速させるには不向きと言えます。特に、キャリアアップ、自分ブランディングを重視する人であれば、

- **アイデンティティ**
- **アイコン**
- **プロフィール**

がはっきりとわかりやすいことはもちろん、投稿自体もそれらとリンクしているものがわかりやすく、望ましいと言えます。

11

アクセシビリティーの法則

ウェブアクセシビリティが確保されていない場合の問題事例

- ホームページがキーボードのみで操作できるように作られておらず、手の動作が不自由でマウスを使うことができない利用者がホームページを利用することができない。
- ホームページが構造化されておらず、機械判読可能（機械やコンピューターで直接読み取って利用できる形式であること）でないため、外国人が自動翻訳ソフトを使用した際にうまく翻訳されない。
- 市長の会見の模様が字幕のない動画のみで掲載され、字幕やテキストの会見録がないため、聴覚障害者が内容を把握できない。
- 背景と文字の色のコントラスト比が確保されておらず、高齢者や色覚障害者が閲覧しにくい。
- 避難所等の情報や地図が画像PDF（スキャナーでスキャンしたもの等）のみで掲載され、音声読み上げソフトが使用できず、視覚障害者が避難情報を得られない。

「公的機関に求められるホームページ等のアクセシビリティ対応」から引用

総務省が掲げる「ウェブアクセシビリティが確保されていない場合の問題事例」

少し小難しい話をしますが、総務省が平成30年に発表している「公的機関に求められるホームページ等のアクセシビリティ対応」では、公的ウェブサイトに対して、アクセシビリティーが確保されていない場合の弊害について指摘する項目があります。

「情報や地図が、画像であるためテキスト認識できない」、など、ごくごく基本の項目ですが、ウェブサイト上で問題とされるものが、ＳＮＳ上では意外と問題視されておらず、また意識もされていないことはとても残念なことです。

同じオンスクリーン上でのコミュニケーションですから、問題がないわけがありません。

既存のソーシャルメディアガイドラインに欠けているもの

これら、オンライン上の弊害として掲げられているものの全ては、私たちの「ソ活」アクセシビリティーにも当てはまります。

画像の中の文字サイズやコントラスト比が重要なのは当然として、

「読めないもの」

「何なのか認識できないもの（タグなし）」

が、コミュニケーションの弊害になる、近づきにくさに直結していることは明らかです。

インターネットサービスの大手などにおける「ソーシャルメディアガイドライン」では、企業としてのリスクを取りながら、個人ブロガーのポテンシャルを活かすべく、

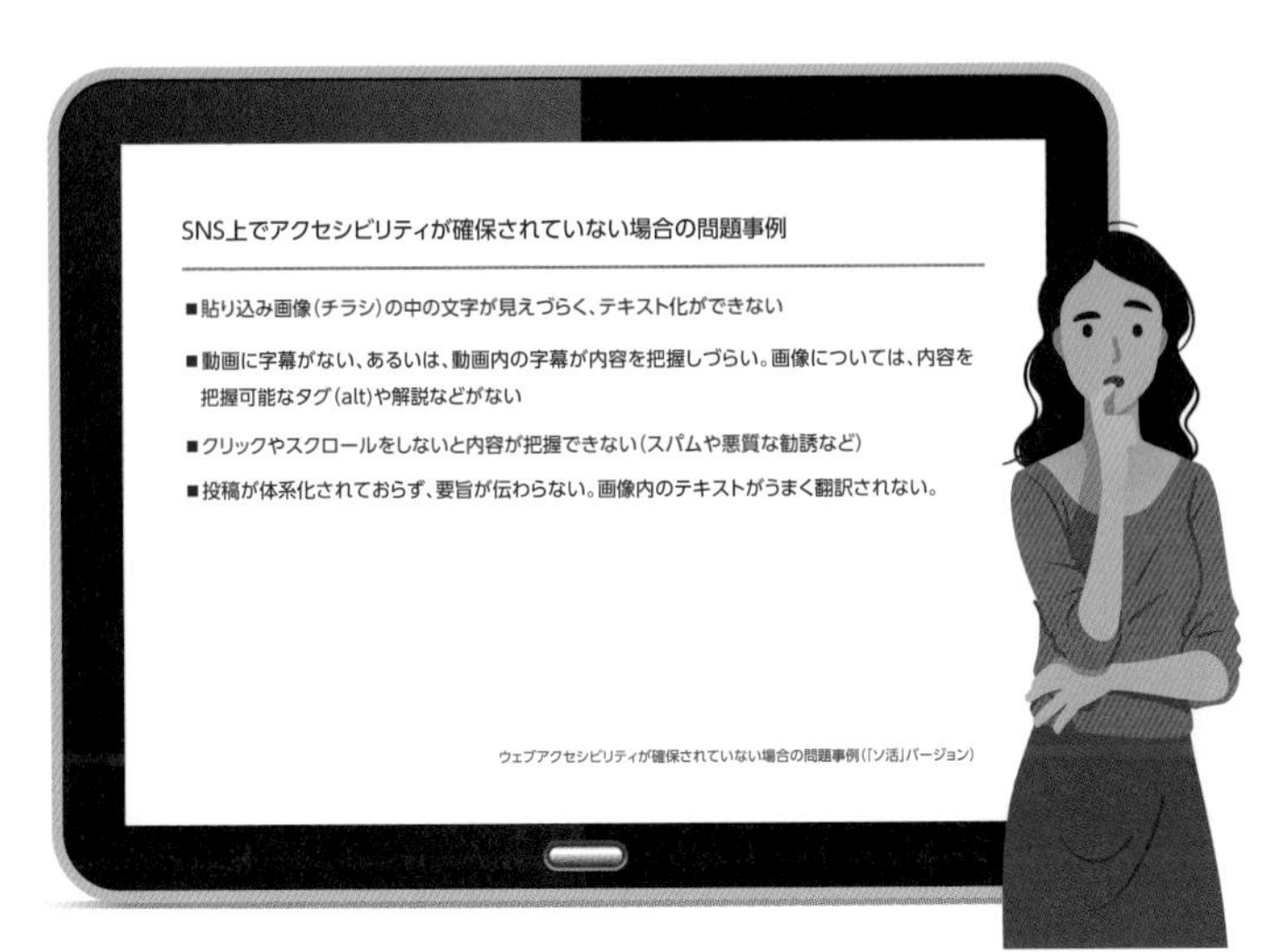

- **クレジットを入れる**
- **正式な表記を推奨する**

など、投稿の際の「心構え」をわかりやすく明記しているところは少なくありません。

ただ、多くのガイドラインについて、**ウェブサイトでは禁じ手**だったはずの「画像の中にテキストを多く入れすぎないほうがいい」「動画には字幕をつけて」など、アクセシビリティー絡みの記載はほぼ見あたりません。個人の裁量が許されるSNSにおいては、自由すぎる表現がいつの間にか「無法地帯」あるいは「立ち入り困難地区」になっている可能性があるといわけです。

見やすさ＋わかりやすさ＝読みたくなる

オンスクリーンのコミュニケーションに限らず、「見やすさ」のポイントは大きく二つに分かれます。

それは、**「視覚的なデータの明確さ」**と**「投稿目的（コンセプト）の明快さ」**です。

現在の画像認識技術（**Googleの画像認識ロボット**など）は、かなり高度な域に達していますから、少なくとも**「この写真はGoogleにわかってもらえないかも」**と思うような画像は、**修正**するか、あるいは写真を**変更**しましょう。

「投稿目的」については、お知らせとリンク誘導など複数が重なる場合もあると思いますが、シンプルであるほど誰にとってもわかりやすくなるというのは明確です。

11

アクセシビリティーの法則

近づきやすさ＝返報性の原理

「ソ活」において近づきやすさとは何かと言えば、ズバリ「お返し」のことです。

これらは、コメントが来たら、コメントを返す。紹介をしてもらったら、紹介を返す。お菓子をいただいたので、お土産を返すといったもので**「返報性の法則」**と呼ばれています。

もちろん、「いいね！」や「フォロー」以外の行為によってもお返しは可能です。

本書では、9対1くらいの割合で、仕事やメイン訴求以外の「チラ見せ」を推奨していますが、「いいね！」を返すのがどうしても億劫という方は「笑顔の写真」をたまに載せる、プライベートでの「素」の姿を見せる、たまには弱音を吐く、などもいいでしょう。

ご自身がイメージする「公開履歴書としてのゴール」に遜色（そんしょく）がなければ、何をやっていけないというわけではないのですから。

使いやすさ、続けやすさのマイルールを持つ

9対1の投稿ルールについて、これは自身を制するということよりも、「同じことの繰り返しが意外と人間は好きである」という原理に基づいたもので、長く続く刑事ドラマや、永久に続きそうなヒーローものの映画なども同じです。

本章の「アクセシビリティー」という視点から言えば、流行り物に次々と乗っかる脈絡のない投稿より、

- **マイテーマ**
- **マイブーム**
- **マイフォーマット**

を決めての投稿は、限られた時間の中で、あなた自身もラクになれるし、「○○さんってこういう人よね！」という愛着が湧き、あなたへの近づきやすさも増すはずです。

SNS × DESIGN

12

インプレッションの法則

THE RULE OF IMPRESSION

「映え」技術をマスター

No good!

- できれば、テキストだけでやり過ごしたい

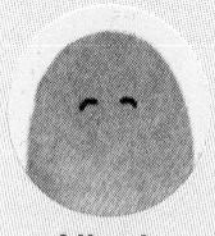

Nice!

- スマホのトリミング機能で「構図」を格上げ
- 明るい画像は覚醒、暗い画像は抑制効果があることを意識する
- 写真はたくさん撮って、いつの日か上手くなろう

0・1秒で決まる「印」と「象」の残し方

インプレッションとは、直訳で「印象」「漠然とした感じや雰囲気」を表す言葉です。同時に、オンスクリーンにおける広告の表示数についても「インプレッション」という言葉が使われます。

本来の意味である「印象」について正しく理解し、ここまでの章で触れてきたポイントなども振り返ることで、結果として表示数が上がり、あなた自身の存在感も増します。

インプレッションの語源は、ラテン語の「impressio」と言われており、本来の意味には、押し付けて跡を付けること、足跡などの意味も含まれます。premoは印刷の語源であるprintと同じ意味ですから、**心の奥に（in）深く押される（premo）、刻まれることが「印象」である**というのは納得がいきます。

オンスクリーンの世界では、サイトのトップページやファーストビューのデザインなどを複数案用意して検証を行い、離脱率を最小限にとどめる工夫などがされていますが、そもそも、このサムネイル画像の印象（インプレッション）が強ければ、ページビューやアクセスも上がるということになります。

書籍で言えばカバー、装丁デザインということになりますが、文字組みはもちろん、印象的なイラストや画像を使用した作品であれば、記憶として強く残りやすいことは言うまでもありません。

前著、『これならわかる！人を動かすデザイン22の法則』（KADOKAWA）では、映えの法則として、視線を奪う構図のコツを紹介しました。

ここでは、これらの**「映える」ためのコツの先にあるもの、心に深く刻み込まれる画像の構造や特徴**について、解説していきます（「16 コンポジション（構図）の法則」、「18 光と影の法則」にそれぞれについてのさらに詳しい解説もあります）。

心に推し刻まれる「画像」の秘密とは？

印象的な写真（イラストにも同じような傾向がありますが、ここでは、写真を中心に解説します）は、次の特徴が一つあるいは複合的に実装されています。

❶**「構図（コンポジション）」**が良い。あるいは特徴的である
❷**「光」**の捉え方が秀逸である、あるいは特徴的である
❸**「色相」**そのもの、**「配色」**それ自体が秀逸である、あるいは特徴的である
❹**「階調（トーン）」**が明るいあるいは暗い、または、独自のバランスが保たれている
❺**「テーマ（被写体）」**が審美的あるいは独創的。または、社会的価値が高いものである
❻**「制作者のみが実装できる世界観」**がある、独創的で差別化が可能
❼これらの要素が**二つ以上**組み合わさっている

プロのデザイナーでなくとも、ビジネスの現場でディレクター職をせざるを得ない、あるいはＡＩに仕事を依頼するといった際に、これらの用語や基礎知識は必要になります。

ぜひ、マスターしておきましょう。

❶構図

構図とは、画面の中におけるモチーフの「配置」や背景と主題との「構成（コンポジション）」のことで、**構図が優れていることにより、「注視」させる、あるいは「対象への理解」が深まります。**

基本の構図には、「日の丸構図」「3分割構図」などがありますが、これらは「手軽に撮った写真」を「トリミングすることのみ」でできる、簡単なものです。

一方、プロ写真家の世界では、それぞれの「ジャンル」に構図の特徴も表れます。

いわゆる「鉄道写真」や「ポートレート写真」など、多くのプロは被写体をより魅力的に見せるための「ロケーション探し」にも時間を費やしています。人物を魅せる特徴的な構図としては、遠近感と注視点を組み合わせたものなどがあります（16章でさらに詳しく）。

二分割構図にまたがる三角構図

前ボケからの三角構図

❷光（明度あるいは照度）

1日24時間のうちいわゆるビジネスアワー、だいたい9時から17時くらいまでの明るさをまずはイメージします。そして、それよりも明らかに暗い、あるいは明らかに明るいものは、**「照度」の「希少性」の原理**により浮き立って見えます。

これは、**普段の生活よりも集中する場面では「照度」を上げることが望ましく、リラックスするリビングルームよりも勉強部屋を明るくするのと同じ**です。また、暗闇で懐中電灯を照らせば、より、注意力が向けられます。さらに、写真の中の世界で私たちの感覚は閉じておらず、日常生活の「光の世界」と同じように反応すると言えます。

ただし、オンスクリーンに限って言えばですが、全体的に明度（照度）は明るい（明るすぎるくらいでも可）ほうがインプレッションが高い傾向を確認しています（18章にさらに詳しい解説があります）。

12

インプレッションの法則

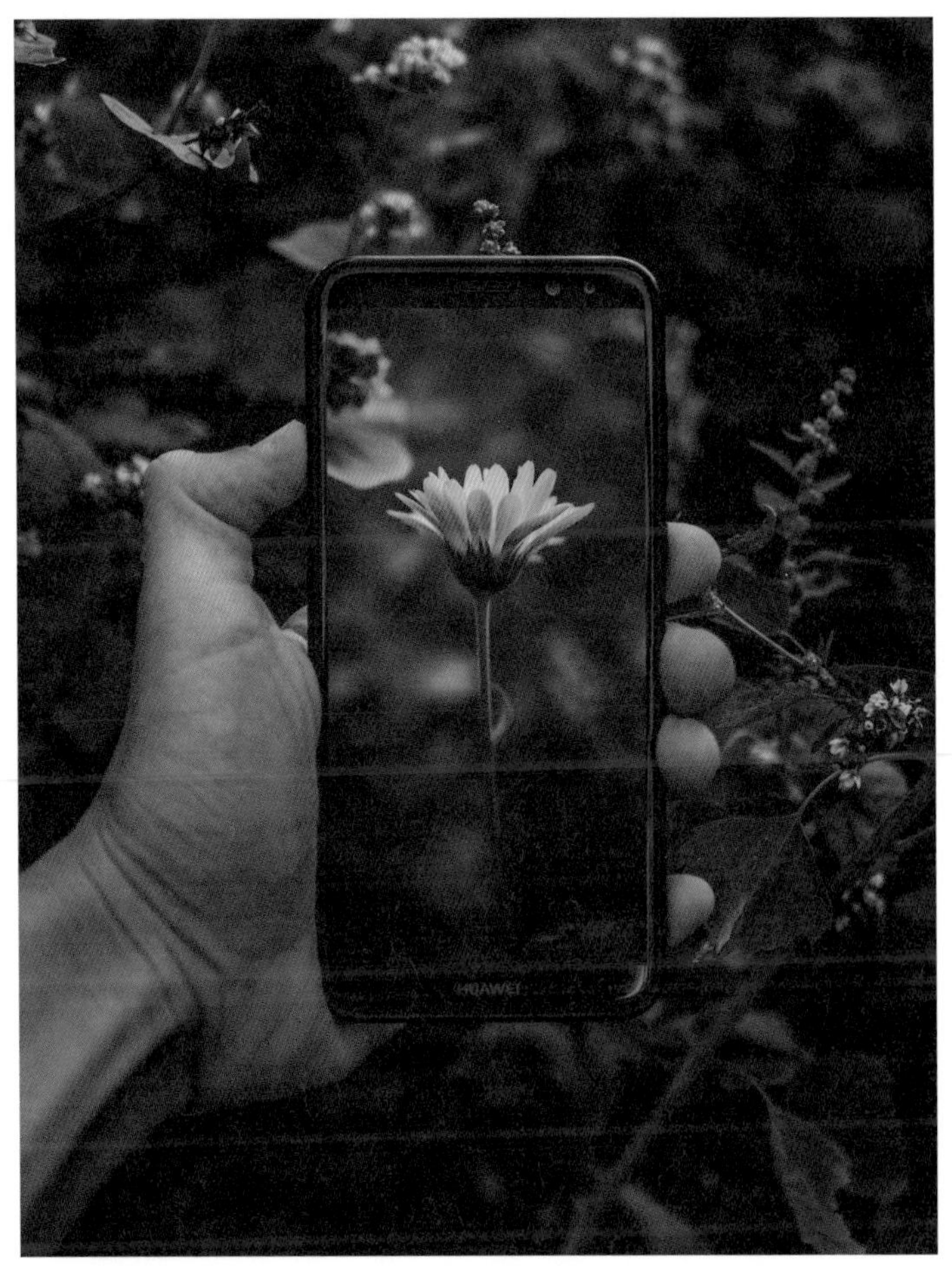

日の丸構図＋画額の外からの流れがある構図×暗い世界から浮かび上がる被写体のコントラスト

千駄ヶ谷にある鳩森八幡神社で撮影したこちらの写真は、無料写真共有サイトに4年前にアップロードしたもので、「Downloads 448,352」と、現在、私がアップロードしたものの中で最もダウンロードされている写真です。画像は露出補正をかけており、いわゆる「くつろぎ感のあるリビングの明るさ」ではなく、**「目を見開いて集中する」**状況の明度（照度）になります。

小説など「そこには目の覚めるようなひまわり畑が広がっていた」のように**「目の覚めるような」**と表現することがありますが、これがまさにそういった状況のことで、より集中する、覚醒するという効果があります。

個人的な感想ですが、東京に住んでいて、間違いなく一番おすすめなのは桜のシーズンです。気候の関係もあるでしょうが、都内には特別な名所と言われなくとも、ソメイヨシノが咲き乱れる、目の覚めるような光景が散りばめられています。

12

インプレッションの法則

❸色相・❹階調

色相と階調（トーン）には同じ傾向があり、**「まんべんなく」よりも「偏っている」ものにインプレッションが集まります**。これは、自然でないこと、希少性の論理に基づいており、「引き算されたデザイン」が尖って受け止められやすいことと同じです。

ブルーの紫陽花の写真は「ただの紫陽花のクローズアップ」なのですが、色相が明らかに「ブルーのみ」に偏っています。こういったものは、**自然ではないのでインプレッションが上がりやすく**、私のunsplash.com掲出写真の中のトップランクになっています。そういった意味で、一面のネモフィラブルーが有名な「国営ひたち海浜公園」がインスタ映えの聖地とされるのは、もっともなことです。

また、階調も同じで、ライトからシャドーまでまんべんなく調子があるものよりも、偏っているものは目につく傾向にあります。下の写真は、白い壁に白い植木鉢というほぼハイトーンの白い世界にカラフルなサボテンがあり、「普通でない」ことが印象的な理由と言えます。

12

インプレッションの法則

❺テーマ（被写体）

いわゆる撮影されているもの**それ自体に価値があるか**どうか、ということです。「滅多にない美しい夕焼け」などは誰にでもその美しさが伝わりますし、先ほどの「ネモフィラブルーが一面に広がる公園」にも同じ要素があります。

色相や階調の話と異なるのは、**美しいだけではなく、ジャーナリズム的な要素が加わる**場合です。瞬間を切り取ったもの、見たことのない世界、絶景などももちろんそうですが、被写体を後世に残す価値があるもの、歴史的建造物など歴史的資産の素晴らしさはそのまま「印象」に直結します。

いわゆる「インスタグラマー」という人たちが、よく旅に出ていて、いつの間にかデジタルノマドになっていたりするのも「被写体探し」のためであったりします。

逆に「この絶景を世界に広めたい」という観光関係者が「インスタグラマー」に依頼などもしますから、そのようなシチュエーションが多くなるのは当然でしょう。

12

インプレッションの法則

❻制作者・❼これらの要素が二つ以上組み合わさっている

最後にお伝えする究極の印象、それは、**「その人の人間性が出ているもの」**です。「らしさ」ももちろんそうですし、「くせ」とか、「タッチ」、「その人にしかできない技術」などもそれに該当します。

ここでは、本書の挿絵を担当してくださる三好さんのタッチに注目します。とても柔らかくふわふわっとしているようでしっかりと存在感があり、心の中にすうーっと染み込むような魅力があります。

写真でもイラストでも、やはり「極めている人」の作品はひと目でわかります。自身の投稿の質やアクセスを上げる手段として、そういった素晴らしい投稿を公開されているアーティストやプロをフォローして、良い作品を日頃から見るというのも**「目を肥やす」**という意味で有効な手段です。

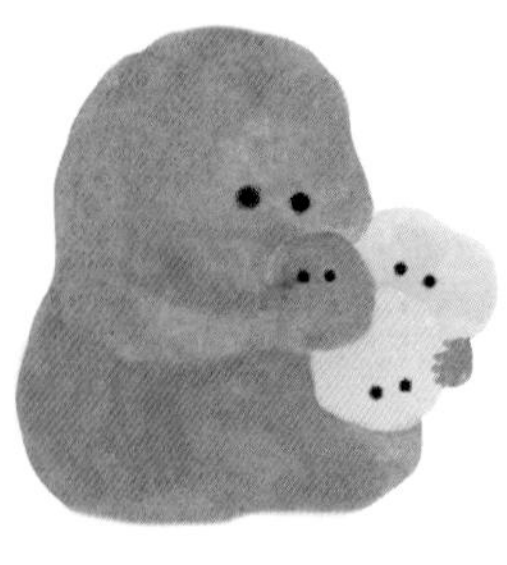

インプレッションを上げたい人にやってほしいこと

こういった作品の「レベル」を上げる方法として、デザイン学生さんであれば、デッサンや塑像、色彩構成をお勧めしますが、ビジネスパーソンであればまずは**ダッシュボードで数字を見ること**をお勧めします。そして、自分の中でどの投稿に反応が多かったかなど、ぜひ、自身の「勝ち筋」を探してください。

また気になった「カメラ」を買ってみて、**写真を撮りまくる**のもお勧めです。データを見ることと写真を撮りまくることは逆ベクトルのようにも思えますが、自分自身を知るという意味では同じです。

あなたらしさやあなたの強みをまずは自分で理解するということが、未来への投資になります。

SNS × DESIGN

13

信頼の法則

THE RULE OF TRUST

「個性」の前に、
「品質」を手にいれる

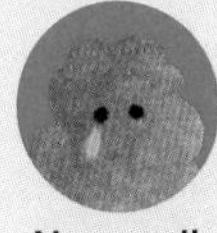

No good!

- 既視感ある「ありがちな」素材を使っている
- 解像度の低い画像を使っている
- 速報性のある投稿をそのまま残している

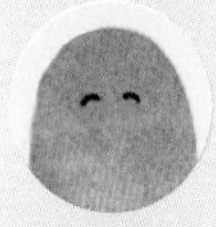

Nice!

- ポートフォリオをつくるつもりで、画像は厳選した一枚を
- 時々、自身の投稿を振り返り編集しよう

コミュニケーションの機能を満たしているか

「信頼」とは、信じて頼ることができる関係性のことを指します。本書では、コミュニケーションとしてのデザインや画像が「その役割を満たしているかどうか」にまずは着目し、

❶はっきり見える、または、何が書いてあるか読める。わかる **(Accessibility)**
❷映える、見るに値する **(Impression)**
❸画素数やピントなどが適正な画像で、品質が保たれている **(Sincerity)**
❹よく見かけるフリー画像での代用でなく、テーマに沿った相応しいもの **(Uniqueness)**
❺人にシェアしたくなるような有益なもの **(Share)**

という**5つの視点AISUS**※から、SNS自分ポートフォリオが「信頼のおける」相棒のようになることを目指します。

※『デザイン力の基本』（日本実業出版社）より引用

13

信頼の法則

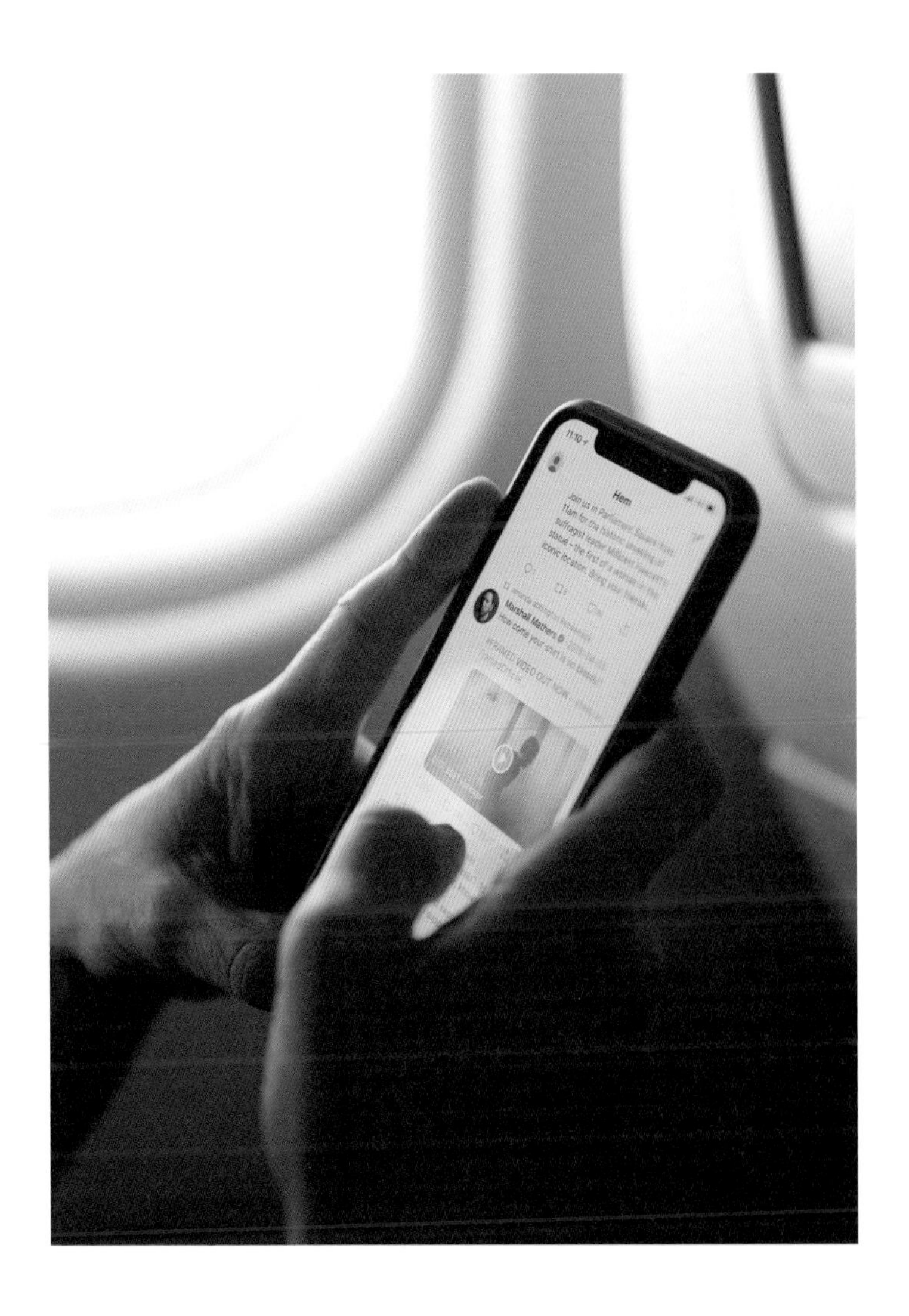

自動で「勝手にトリミング」されて、大事な部分が隠れる問題

「あれ、大事な部分が切れている……?」

皆さんも日々のSNS投稿の中で、大切な部分がトリミングされてしまって、大事な内容が伝わらなくなってしまった！というようなことはありませんか。

特にモチーフに対して余白が少ない画像や、書籍のカバーなど**「縦型のものが横位置にトリミングされた状態」「横型のものが縦位置にトリミングされた状態」**でシェアした時に、意図せず、大事な部分が見切れるという現象です。

サンプルは、中国語版の『これならわかる！人を動かすデザイン22の法則』(KADOKAWA) ですが、縦に組んだキャッチコピーや、デザインのポイントになっている「i」の赤い部分にAIが反応してしまい、大事な「22」が切れてしまっています。

画像をシェアするのは「文字で伝わりにくい何かを伝えるため」ですから、よく意味のわからないものを放置しておいていいはずがありません。もしも、これが、テキストだっ

たら、**主語や述語や固有名詞など大事なパーツが欠けてしまい本文の意味が伝わらない状態**のものを、そのまま置き去りにしているような状況といえます。

解像度が足りないと、「もやもや」が気になって、内容に関心が持てなくなる

　また、巷でよく見かけるのが、何かの書類に貼り込まれた（画素の落ちた）画像をそのままシェアしてしまう、画素が足りない状態のシェアです。解像度が足りないため写真の**「もやもや」が気になってしまい**、その中身に関心がいかなくなるという困った現象が起きます。

　ビジネス書類の多くは、より軽く、より多くの人の手にスムーズに渡ることを優先します。ですから、画像の解像度を極限まで間引く（解像度を落として軽くする）ことが行われます。また、Facebookのメッセンジャーなど、一部のコミュニケーションツールにおいても、プラットフォーム側の事情で、解像度が落ちていた、画像が荒れていた、ということもあります。

　現在、スマートフォンで撮影した写真であれば、かなりの鮮明さや画素数が保たれていますから、メッセンジャー送信する前、フィルターをかける前、ワードやパワポに貼り付ける前の**「オリジナル画像」を保存**しておき、それらを使用するようにしましょう。

DESIGN
SESSION
2024

22
DESIGN
RULES

22
DESIGN
RULES

気持ちが先走りして、「普通の文字」として伝わりづらくなる

いい加減というよりは**「一生懸命」「表現しよう」とするあまり、情報が過剰になって伝わりづらくなる**ケースもよく見かけます。とてももったいないと思います。

「大事なことだから伝えたい」「だから、大きく目立たせたい」「強調したいから何か入れたい」そういった気持ちは、とてもよくわかります。

無料オンラインのデザインツールなどが普及して、フォントやあしらいなど比較的誰でも使いやすい時代になりました。ただ、とりあえず、

❶はっきり見える、または、何が書いてあるか読める。わかる **(Accessibility)**

❷映える、見るに値する **(Impression)**

がクリアできていないと、画像は簡単にスキップされます。そして、記憶にも残りません。

音声やキャプションがあれば、もしかしたら、内容は伝わるのかもしれません。もし、そうだとしても、見る側の立場に立ってみれば、よくわからないものを見せられている時間ほど無駄なものはありません。さらに、そのような状況は**「知性」や「品位」を落とす可能性**さえあり、まったくお勧めできません。

9:30
Harbal
Life
Club
9:30
HARBAL
LIFE
CLUB
Harbal
Life
Club
Harbal
Life
Club

「セレクト」が9割

本書の進行も半ばとなった頃、カバーのコピーを考えるタイトル会議が行われていました。その際に、カバーの帯文について、ちょっとした議論が起こりました。

バズらなくていい！

毎日投稿しなくていい！

フォロワー&いいねの数気にしなくていい！

「この〈バズらなくていい！〉ってさ、別にバズっても困ることはないからいらないんじゃない？」

確かに、SNSをやっている以上、フォロワーも増えた方がいいですし、たくさんの人に読まれるに越したことはありません。ただ、有名人、芸能人、バズの適性がある人以外（つまり、「ソ活」民）が焦って数打ち当たれとばかりに投稿をしまくると（ウェブ黎明期の理論としては、何よりも多投稿が前提でした）、

- **内容が雑になる**
- **本業と関係ないネタが多くなる**
- **うっかり愚痴や余計なことを口走りがち**

など、リスクも伴います。もちろん、自分のスタイルで楽しむだけであれば、好きな時に好きなだけ投稿するのは決して悪くありません。

「それほどやりたくない人」
「遠のいているけど、本当はやった方がいい人」
「一念発起して、再開しようとしている人」

にとっては、数を打てないので、一投稿がとても重要になります。

本章で触れた、解像度やトリミング（切り取り）、ここでは触れませんでしたが写真のピント、文字の見やすさ、見にくさといったものは、今、手元にある素材のどれを選ぶか、つまり**「セレクト力」が重要**となっています。

投稿して終わらない。「編集」で整える。

「瞬間のメディアであるSNSを後から編集する？」

もともと投稿数の少ない「ソ活」民にとって、SNSのフィードは公開履歴書であり、公開プロフィールです。ストーリーであげたけれども、カテゴリ別に分類して公開した方がいいもの、削除した方がいいのもの、テキストのリライトが必要なものなど、「編集」が可能であれば、整えましょう。そのほうが、初めてフィードを見に来る人にとっては親切です。

生成AIなどツールの進化で、テキストにせよ、画像にせよ、量を作ること自体は、さほど難しくない時代に突入しました。

時代に取り残されまいと急ぐ時代から、**「何を選んで」「何を捨てるか」**そういった判断力を試される時代に変化を遂げていると言えます。

SNS × DESIGN

14

独自性の法則

THE RURE OF ORIGINALITY

個性は
作り出せる

No good!

- どこかで見た「バズり画像」を参考に投稿している
- 宣伝するのが辛い

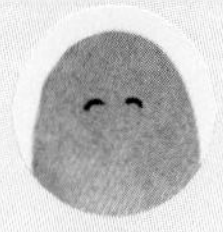

Nice!

- 「これはあの人の写真だ！」と見ただけでわかる鉄板テンプレを作る
- 仕事の実績が少ないうちは、宣伝よりも人柄をみせる

14

独自性の法則

自分自身の内側へ目を向ける

「独自性」とは、その人にしかない、あるいはその事物だけに備わっている固有の性質や独特の個性を指します。

イノベーションやグローバリズムなどの新しい概念が浸透した今日、違いにフォーカスした「差別化」よりも、我が道を行くという意味を持つ「独自性」がより重要視されるようになりました。

「独自性」と「差別化」の最も大きな違いといえば、**意識を外に向けるのではなく、内に向けるというところ**にあります。「人と比べて」、ではなく、**「自分自身の中の理想」に軸を持つ**ことで、より大きなマーケットを目指すことができたり、カテゴリを跨いだ斬新な商品開発が可能になったり、利点はいくつもあります。

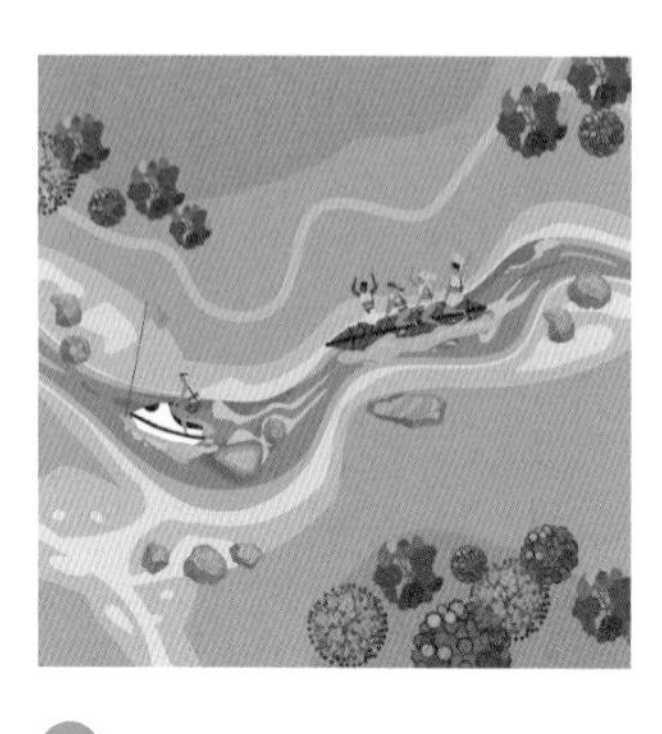

自分らしい「流れ」を作る

かつてブランドマーケティングの成功を山に例えて、「大きな山の頂上を目指す」「新しい山を作りトップを取る」などとする比喩表現がありました。「登山」には、もともと厳しいイメージもあり、その頂上を極めることには大きな満足感や爽快感がありそうです。

一方で、SNS全盛、「共感」が価値観のベースになっている今日のブランド論では、

「力を合わせて成功する」

「自分たちだけの物語を作る」

という意味合いのキーワードがよく登場し、どちらかというと新しい**（自分らしい）「流れ」を作る、**

「流れに乗ってくれる人と共に充実した旅をする」

というようなイメージのニュアンスを想像させます。

王道の「組み合わせ」戦略で、息切れしない自分らしさを投稿

ある相談会でお目にかかったAさんは、カウンセラーの仕事をしていますが、食べ歩きが大好き。最近は、パンケーキをヘルシーにアレンジして、自分で作ることにも凝っています。

パンケーキに限らず、ヘルシーで美味しいものを食べることは、心の健康にもつながっているはずだと感じており、さまざまな本を読んで勉強していました。カウンセラーの仕事については、なかなか投稿しづらいところもありますが、パンケーキの写真は映えそうだし、自分の近況を伝えるのにも、ちょうど良さそうだと感じています。Aさんは、しばらくお休みしていたInstagramやFacebookを再開することにしました。

メンタルヘルスの本というと、少し専門的で近づき難いこともあるかもしれませんが、「米粉のパンケーキ」なら親しみやすくわかりやすいモチーフです。そこに、本業で得た気づきや、専門家としてお勧めできる「本」、お気に入りハーブを組み合わせることを提案しました。

こうやって組み合わせることで「映える」ことはもちろん、本やハーブはたくさんの種類がありますから、専門外のパンケーキはさほど頑張らなくても、**Aさんらしさが際立つことはもちろん、無限の組み合わせがあるので、無理せず、ずっと続けることもできます。**

14

独自性の法則

いつも、ちょっとだけ、「人と違うことをする」

Oさんは、比較的年齢の低い子供たちを専門とした教職の仕事についていますが、かなりのグルメとして知られていて、外食シーンの投稿が多めです。心の中ではいつも仕事や子供達のことを気にかけつつ、気に入ったワインの家飲み写真も紹介しています。

Tさんは、マーケティングリサーチが専門で、自社が関わった「新商品」などをよくサンプルで送ってもらうことがあるそうです。できることなら、関わった商品が売れてくれたら良いなぁと思いながらも、契約上の決まりで、SNSへの掲載はできません。

ワインを飲むのが趣味なので、飲んだワインの記録を投稿しています。

そんなOさんとTさんですが、Oさんはいつもお気に入りの「ぬいぐるみ」とセットで「ちょっとした日々の気づき」を添えて、Tさんはいつもラベルをアップ気味に、少し、はみ出すくらいにトリミングして、「味の特徴などを添えて」投稿しています。

もちろん「ワインさえ目立てばいい」のであれば、このような工夫はいりませんが、その人らしさのひと工夫がなければ、OさんとTさんの投稿はほとんど同じに見えてしまい、また、その人となりも伝わってきません。

この、ちょっとした工夫があることで、「ワインとぬいぐるみの人」「ワインのラベルがでっかくてはみ出している人」のように、その人らしさが際立ちやすくなります。

同じテーマに関心を持っていながら、「らしさ」が際立つ二人がSNS上でフレンドになっているのもうなずけますね。

14

独自性の法則

副業フリーランスなりたてなら、必死の売り込みより「余裕」が垣間見える個人アカウントで「自分だけの世界観」を

「働き方改革」や「働きやすさ」などの観点から、本職以外の仕事を始める方も多くなり、開業・創業以前の相談をよく受けるようになりました。

本業を続けながら、「副業のアナウンスや集客」を行うプロモーションやブランディングの相談は特に多いのですが、一般的に多くの人は「売り込まれるよりも、自分で選びたい」と思っていますから、ガンガン売り込んでいる状況よりも、ちょっと余裕を感じさせながら、ビジネスのアナウンスを織り込んだ方が、親しみやすさも湧きやすく、お問い合わせは引き込みやすいと言えます。

実際には創業案件もほぼ同じで、**特に実績が少ないうち**は、強烈なセールストークよりも、人柄や趣味が見えるような投稿、あるいは子育て日記なども共感を呼びやすく、「意外なところから、ビジネスのお問合せにつながった！」ということは、よくある話です。

独立や副業開始から少し経って余裕ができたら、趣味や子育てネタの全く入らない「公式アカウント」ももちろん作っておくと良いでしょう。この「公式アカウント」と「中の

人が見える個人アカウント」の両輪が重なり合って「その人なりの世界観」が見えてくる、新しいお問い合わせを呼び込みやすい「ＳＮＳの黄金比」です。

スカウトやヘッドハンティングを狙うなら
LinkedInのファーストビュー

副業フリーランスでなくとも、ぜひ、登録だけでもしておいて欲しいのが、LinkedIn（ビジネス専用のSNS）です。

特に毎日投稿しなくても、スキルやキャリアを打ち込んでいくことで、「人材を探している方」の立場から見て、とても、人を見つけやすいフィードが完成し、プログラムによって出会いをマッチングしてくれます。

この時、ちょっと、復習になりますが、学歴や所属した会社の名前だけでなく、

❶アイデンティティ（思い出せ、お前は誰なのか）
❷アイコン写真（カバーの写真もお忘れなく）
❸プロフィール（強みとその人らしさを必ず入れ込む）

を、なるべく丁寧に入力することをお勧めします。

「02 アイコンの法則」で学んだように、プロフィールは一番写りのいい、正面あるいは顔がしっかり認識できるものを入れましょう。もちろん、解像度がしっかり足りている写真を使用してください。

あなた自身が、今の自分をしっかり見つめていて、棚卸しができている状態であれば、すでにあなたらしさは其処にあります。

自分探しの旅に出る前に、まずは、あたりを見回して写真の上手い人、あるいは、プロカメラマンを探して、プロフィール写真とカバー写真を撮ってもらいましょう。

SNS × DESIGN

15

シェアの法則

THE RULE OF SHARE

SNSで「シェアされるために」「せっかくシェアするなら」
知っておきたいビジュアルのルール

No good!

・画像もテキストも情報量が多い

・宣伝用のリンクをリンクのままシェアしている

Nice!

・見えない／読めないものは投稿しない

・リンクは「テキスト」「画像」「ハッシュタグ」に分解して
「自分軸の投稿」に

15

シェアの法則

ついつい、手元に収めたくなるスマホの「アスペクト比」

「シェア」とは共有の意味を持ち、いわゆる井戸端会議（給湯室）のうわさ話や煙部屋の雑談（愛煙家コミュニティの情報交換）にもだいたい同じような意味があります。

一方、「シェア」と「井戸端会議」との大きな違い、それは、**スマートフォンの普及による「画像共有」**にあると言えます。リアルタイムで写真を撮って、その場でネットにあげる。スマートフォンのない時代には、当然、考えられないことでした。

特に、枠を極限まで取り除いて画面を最大化した「ベゼルレスデザイン」の導入後、一眼レフに完全移行していたプロのカメラマンたちでさえ、「スマホ」に再注目するようになりました。理由は、**スマートフォンの「アスペクト比（縦横比）」**にあります。

なぜなら、現在のスマートフォンのアスペクト比は、およそ9対19・5から9対21になっていて、いわゆる映画館で見る**「シネスコ」**と呼ばれるものにとても近い比率であり、今までは映画館でしか味わえなかった「スケール感」が、手軽に収められるようになったというわけです。

シネスコ（シネマスコープ）2.35:1
Xperia 5 IV　9：21
iPhone14　9：19.5

ワイド 9:16

黄金比 1：1.618

A4 白銀比　1: 1.414（≒$\sqrt{2}$）
スタンダード　3:4

15

シェアの法則

「なんとなくおしゃれっぽいから、撮っておこう」

スマートフォンのサイズ感といえば、だいたい長いほうが15センチ前後、幅が7〜8センチで、コンビニコーヒーの紙コップよりちょっと縦長、マグカップなら少し横にはみ出るくらいのサイズ感です。

つまり、コーヒーカップのあるシーンは、誰でもだいたい失敗なく撮影できる良いモチーフであり、それゆえにシェアもされやすいと言えます。

撮りやすくて絵になりやすいデザインであれば、「コーヒーも美味しかったし」「ちょっとおしゃれなロゴが入っているし」「とりあえず撮っておくか」ということになるでしょう。

たいてい、そういう時は、ほっと一息ついているところで、手も空いているものです。

「つい」や「とりあえず」を誘引する

画像シェアの普及により、「マーケティング」的なデザインルールも大きくルール変更しています。いわゆる、メーカー側の宣伝に加えて、「顧客が（写真を撮って自分のＳＮＳで）宣伝してくれる」ことを期待した戦略です。

すると、**「顧客が（写真を撮って自分のＳＮＳで）宣伝しやすい」デザインとは何か**、という話になってきます。

最も有名なものは、スターバックスやブルーボトルのシンプルなロゴでしょう。皆さんもご存知かと思いますが、円形の周囲を囲んでいたスターバックスというアルファベットが外され、

セイレーン（ギリシア神話の女神）だけのシンボリックなデザインに変更されたことで、より映えやすくなりました。

その後も、ショッピングバッグやグッズなど、さらなる単純化やデフォルメが進み、セイレーンの顔がはみ出しているもの、半分くらいのデザインも登場しています。

ディズニーランドでは、はっきりと映えて写るように、さまざまなロケーションを提案し、背景はもちろん、色合いや採光まで気を遣っています。

SNSによく流れてくるカフェやパン屋さんのほとんどは、**建築やインテリアのデザインはもちろん、光の入る向きまで、素人がスマホで撮った時に映えるように**設計してあります。

「見えない」「読めない」は存在していないのと同じ

ブランドロゴの単純化は、カフェなどの業種に関わらず進んでいます。マスターカード、アップル、インスタグラム、ダンキンドーナツなど全てのロゴが**「シンプル」**になりました。あくまでもアクセシビリティーに配慮した結果とも言えますが、シェアしやすい、つまり**シェアされやすい、「映えデザイン」に改変されていると言えます。**

一般的にスマートフォンの文字はできれば7ポイント（少なくとも6ポイント以上と言われています）、線画であれば、最低でも1ピクセル以上が望ましいとされています。つまり、ロゴの中に入っている文字がスマートフォン上で確保されていない場合、潰れて見えない・見えづらい＝**アクセシビリティーに配慮のないデザイン**ということになってしまい、当然エンゲージも落ちます。

これは、日頃、紙の印刷物などをシェアする人にとっても意識を向けなければならない部分です。

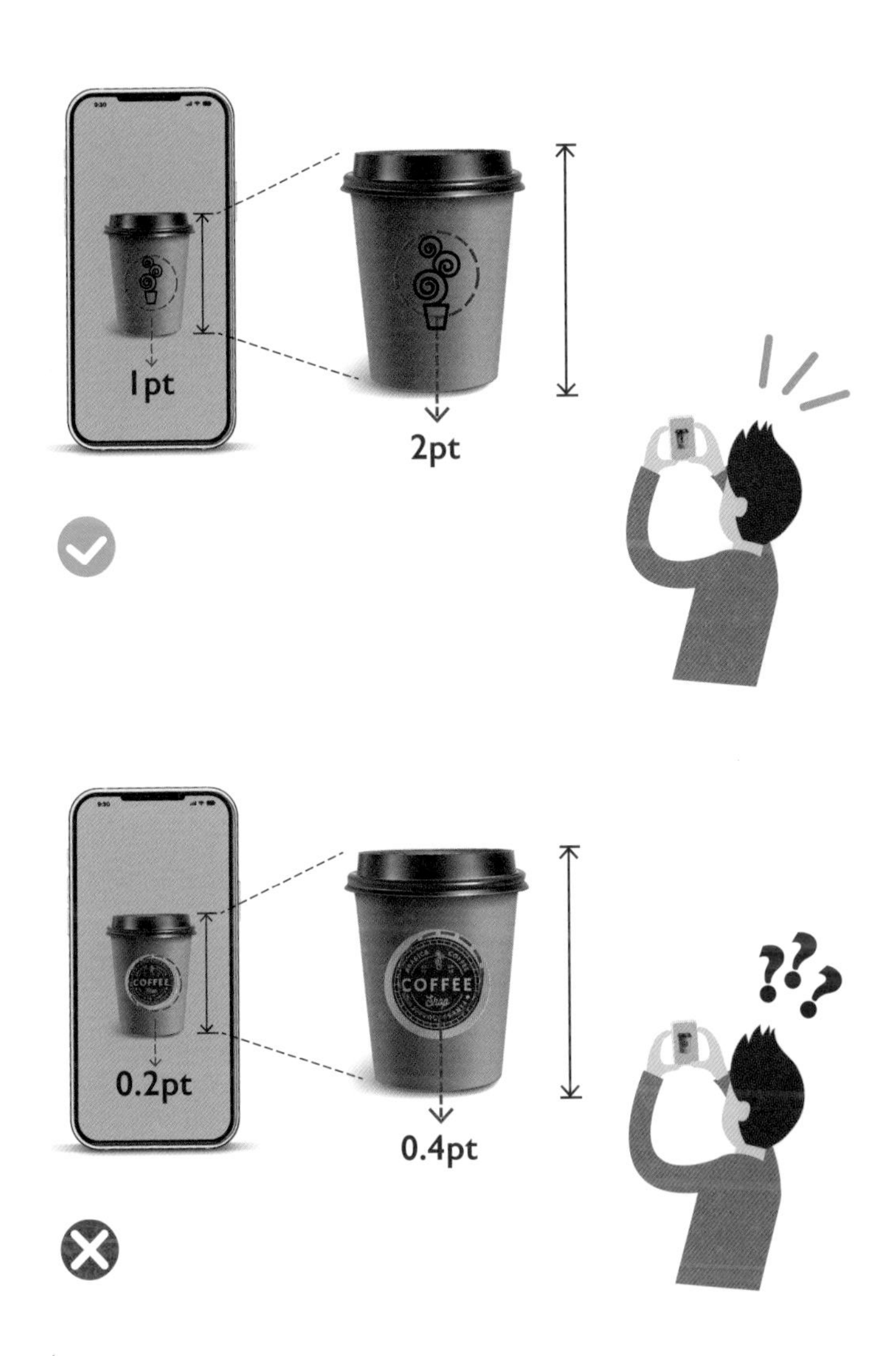
1pt
2pt
0.2pt
COFFEE
0.4pt

生産性を向上し、持続可能にする「バラバラ投稿作戦」

そこで、「ソ活」メイトの方におすすめするのが、「バラバラ投稿作戦」です。

もしもFacebookであれば、リンクをそのままにしないでサムネイルとテキスト情報に、カタログやチラシなら写真とコンテンツ情報とハッシュタグに分けて投稿します。

「バラバラ投稿作戦」のいいところは、エンゲージが上がるのはもちろん、それぞれの使い回しが可能になるところでしょう。写真だけ、テキストの構文だけ、ハッシュタグだけを何かの時にそのまま使うことができれば時短にもつながります。

また、「バラバラ投稿作戦」は、より広告らしさを削いだ「オーガニック（一般の人が宣伝目的で課金せずに共有する）投稿」と雰囲気が近いため、課金してたとえ広告にしたとしてもエンゲージメントがアップします。

数年前に、山口県防府（ほうふ）市のおもてなし観光課の依頼で、六本木ミッドタウンで催事を行った際のことです。オフィシャルのアカウントとしても広告投稿を依頼されていましたが、関係者の一人として５００円×１日（いわゆる最低レベル）の課金をしたところ、合計で

４００人を超える「いいね！」が来ました（当時の私は平均が１００ですのでほぼ4倍）。別件で、オフィシャルアカウント２５００円、いかにも「広告っぽいバナー」を出した時よりももちろんエンゲージは高く、数値的には8倍以上の差が出ています（当社データによる）。

この時は、エリア指定を「六本木ミッドタウン周辺30キロ内」で行ったため、投稿を見た山口県に所縁（ゆかり）の方がたくさん「インスタを見たよ」といって六本木ミッドタウンのイベントに来場してくださいました。さらに言えば、「表紙の写真（当時の観光協会の方にお借りしたもの）が映えていたから」ということはいうまでもありません。

ＳＮＳの課金に関わらず、オンラインの無料サービスは実際のところ無料ではありません。

また、**「無料」にこだわるあまり、自分の時間を使い過ぎていないか**、むしろ余計なコストがかかっていないか、毅然とした判断が必要な時に差し掛かっています。

完パケを目指さないSNS×DESIGNの美学

私の父は、若い時にテレビのディレクターをやっていたせいか、家庭でも聞いたことのない業界用語を使ったり、変なタイミングで指をパチンと鳴らしたり、今思うと少し「鬱陶しい」人でした。多分、父が現場に入っていたその場その時において、それは「クールなこと」だったのだろうと思います（そうであってほしい）。

そのテレビ的な業界用語で「カンパケ」（完全パッケージ）というのがあるのを大人になってから、あるインタビューで教えてもらったことがあります。業界筋によると、「カンパケ」（完全パッケージ）こそが、インターネット・スマホ・SNS時代と相対する概念で、「全てを完全に終わらせた成果物」の意味を指すと言います。

「なるほど」と思ったのですが、映画やテレビ番組は「カンパケ版」がリアルタイムで放送され、見逃しで流れ、オンデマンドとなって発売されますが、ウェブサイトやウェブサービスは、常に「アップデート」されます。つまり、私たち「ソ活」民は後者であり、常にアップデートをかける立場にあります。別に今、完全でなくてもいいのです。

15
シェアの法則

SNSについての素朴な疑問を
プロに聞いてみた－3

回答者：ダッシュボード株式会社 古明地直樹さん（Meta Business Partner）

Q なぜ自分で撮った写真のほうが、エンゲージが高いのですか？

A エンゲージの強さもアルゴリズムによって決まります。自分が撮影したユニークな写真（特に人物が入っていたり、文脈としてシェアした理由が好意的で共感を得やすいものなど）であれば、親しい友だちからいいね・コメント・シェアなどの反応がおき、連鎖的にリーチも増えてエンゲージが高まりやすいと思います。

それに対して例えば広告チラシのPDFなどのように作られたものを投稿したとすると親しい友だちでも反応はしにくいです。

単純にその違いによって自分で撮った写真のほうがエンゲージが高いと感じられるのだと思います。

古明地さんへの取材をもっと読みたい方は、
著者のnote「『SNS×DESIGN 22の法則』情報室」（https://note.com/ujitomo/）まで！

SNS × DESIGN

16

コンポジション（構図）の法則

THE RULE OF COMPOSITION

目にみえる「世界」が変わる、
構図の不思議

No good!

- 写真は常に撮って出し
- 構図は偶然にゆだねている

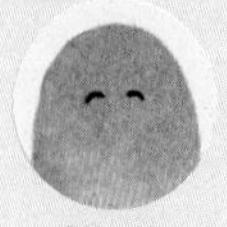

Nice!

- 写真はトリミングして「一番見せたいもの」へ視線を誘導
- 日常の中の「王道の構図」を見つけてみよう

16

コンポジション（構図）の法則

ビジネス教養として知っておきたい「構図」

「12インプレッションの法則」の章でも触れた通り、構図とは、画面の中におけるモチーフの「配置」や背景と主題との「構成」のことですが、これらを偶然の産物ではなく、意識的にコントロールすることができれば、

- **見せたい主題を明確にする**
- **伝えたい雰囲気を醸し出す**
- **記憶に残る強い印象を残す**
- **その人らしさを強調する**

などが可能になります。

ここでは、まず、**「何気なく撮った一枚をトリミング」**することで、バランスや見え方が歴然と変わるという現象を見ていきましょう。

ひと手間かけるかかけないか（そこが問題だ）

最も基本と言われる構図に、「日の丸構図」「3分割構図」などがあります。これらの共通の特徴は、**「すでに撮ってしまった写真を使える」**という点です。

次ページの2枚はとても特徴的です。左は矩形（くけい）もトリミングもそのままのオリジナル写真で、これはこれでとても素敵です。

この**余白は（ポスターなどの要素を入れやすいように）意識的に作ってある**ものですが、例えば、Instagramのストーリーやポスターのアイキャッチに全面（白地などを作らずに）使用するのであれば、3分割構図を意識したトリミングが圧倒的にインプレッションが上がります。なぜでしょうか。

それは、視点が定まるからです。

皆さんもお手元のスマートフォンには、いつも何枚かの写真がストックされているかと思います。

16

コンポジション（構図）の法則

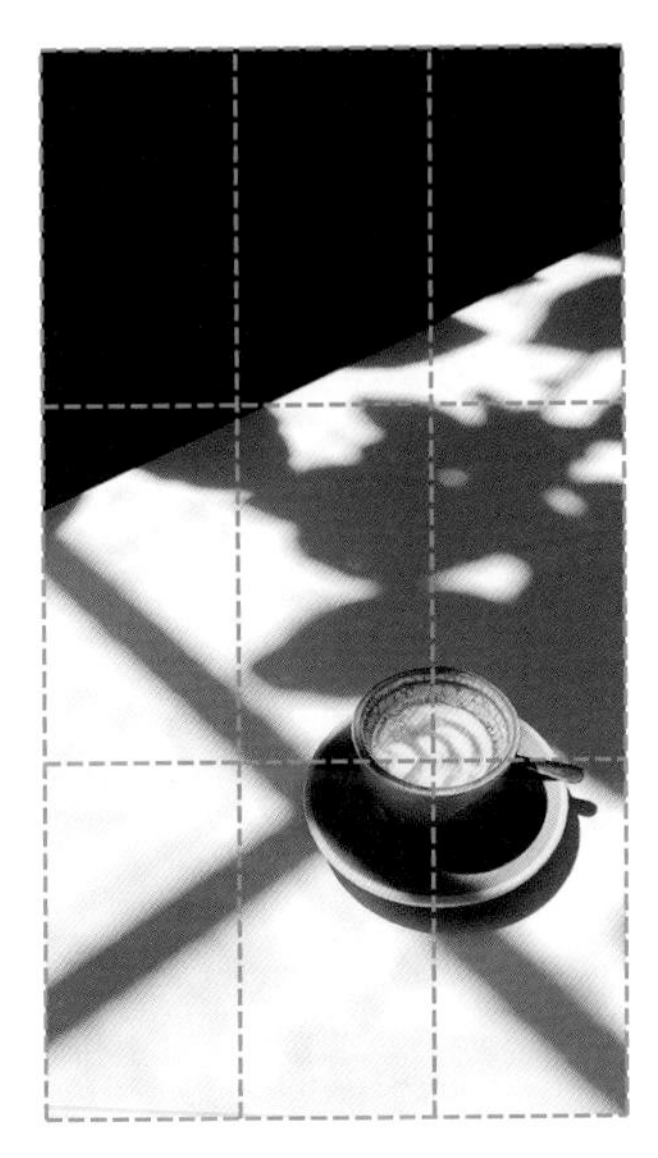

左／ホワイトスペースが気分良い写真。空いた空間に、テキストなどの情報を入れるには抜群のバランス
右／ Instagramのストーリーや広告のアイキャッチに使用する際には、3分割の交差点にトリミングすると注視を得やすくなる

そして、スマートフォンの中には、必ず、この**3分割構図グリッドスケール**が搭載されています。

これらのトリミング作業は一分かからないものですので、ぜひ、この基本の構図を必ず意識してみてください。

流れを感じる構図

日の丸構図や3分割構図と異なり、ここからはある程度、**ロケハンや「狙い」が必要に**なる構図です。

インプレッションの章でも触れましたが、鉄道写真のプロの方は、この**「自分が狙う構図」のために、長い旅をして、「その絵をその足で」撮りにいきます。**早速、典型的な、型を紹介しましょう。

❶放射線構図（遠近法）

旅の始まりや旅の終わりに、ターミナル駅の構内に入ってくる列車のシーンというものはとてもドラマチックで、「撮り鉄」でなくても、つい撮りたくなる一枚です。

これらの特徴は、比較的**ピントが深くて、手前から遠くまでが見渡せる**ところにあります。

放射線構図は、列車に限らず、**近景から遠景までを広い心で見渡し、その中にあって現在地を再確認する、平常心を取り戻すようなシーン**にとても向いています。

16

コンポジション（構図）の法則

❷トンネル構図

文字通り、トンネルを抜けるときのように進行方向に向かって光があり、周囲が囲まれている構図です。同じく鉄道写真のジャンルでよく見かける構図ですが、先ほどの放射線構図と異なる点は、**その視点（フォーカス）が「先の方向」に定まっていて、現状を見渡しているというよりも「未来を見つめている」ような印象が強くなる**ことです。

松林を抜けて、青い海が見え始める。その先に綺麗な女性がいる……といった観光ポスターなどもよく見かけるものですが、どちらも、少し暗かった現在地を抜けて、光の世界に向かっていくという、前向きさや清々しさを感じる絵になります。

❸S字（アルファベット）構図

S字構図は、山間を抜ける列車が勢いよく近づいてくるといったシーンでよく見られるものです。街中で人が走ってくる、サーファーが勢いよく波に乗っているような写真にもよく見られるもので、**「動き」や「躍動感」が表現**されます。動的なモチーフがさらに生き生き切り取られ、臨場感を描ける構図です。

16

コンポジション（構図）の法則

止まる構図と流れる構図の組み合わせ（インプレッションを上げる）

ここからは、日頃、実業で忙しい皆さんがせっかくアップする一投稿に「威力」を加えるため、**「基本の型」に「流れ」をプラスする構図**を見ていきましょう。

インプレッションの法則では、①の構図以外に

②**「光」**の捉え方
③**「色相」**そのもの、**「配色」**それ自体
④**「階調（トーン）」**が明るいあるいは暗い、または、独自のバランス
⑤**「テーマ（被写体）」**が審美的あるいは独創的。または、社会的価値が高い
⑥**「制作者のみが実装できる世界観」**
⑦これらの要素が**二つ以上**組み合わさっている

という全部で七つのポイントを挙げています。この**視線が止まる基本構図（日の丸構図）に流れる構図（アルファベット構図や放射線構図など）を組み合わせる**ことで、⑤テーマ

16

コンポジション（構図）の法則

（被写体）をより魅力的に映し出し、また、⑥「制作者のみが実装できる世界観」すなわち、その人独特の癖のようなものですが、これらが表現しやすくなります。

花畑と女性のサンプル写真は、前のページでも紹介していますが、日の丸構図や3分割構図に「流れ」が加わることで、ふんわりとした階調と独特の色彩が際立ちます。

この「組み合わせ構図」は、鉄道写真家やインスタグラマーのように遠くに出かけなくとも、身近なところにたくさん存在しています。ちょっとだけ周辺を見つめ直す、あるいは、撮った写真をトリミングすることで、ぐっと視線を掴む写真に生まれ変わることでしょう。

街中を散歩中に、偶然「王道の日の丸構図の中のアルファベット」を見つけてしまうこともあると思います。**「構図の不思議」を見つけるシーンは、日常の中に溢れています。**

その瞬間を、ぜひ、逃さないでください。

16

コンポジション（構図）の法則

SNS×DESIGN

17

アングルの法則

THE RULE OF ANGLE

ターゲットに刺さる
「ベストアングル」を探せ

17

アングルの法則

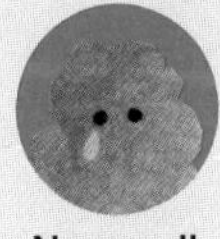

No good!

- 写真はいつも真正面から撮っている
- 高く売りたいモノなのに「上から」写真を撮っている

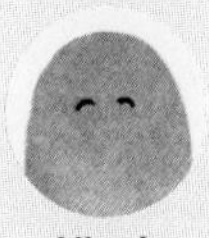

Nice!

- 「伝えたいメッセージ」によってアングルを使い分ける
- 高見えさせたいものは「下から」撮る

私の世界を魅せる「角度のメッセージ」

「アングル」とは、撮影の際にカメラが被写体に向けられた角度のことを指します。前著『これならわかる!人を動かすデザイン22の法則』（KADOKAWA）の中で、

- **真俯瞰（真上）＝インスタグラマーから広まった全体を見せるアングル**
- **斜俯瞰（斜め）＝モノの立体感がわかるカタログカットのアングル**
- **見上げ（あおり）＝ダイナミックにかつ格上に見せる、ブランド品のアングル**
- **鳥瞰図（鳥の視点）＝鳥が見た地上の世界、ドローンの視点**
- **真正面（あるいは真横）＝友達、対等の関係を表すアングル**

という基本の構図を紹介し、それらが見る人に与える影響について解説しました。本書では、そういった基本からさらに一歩進んで、伝えたいメッセージや自分らしさを浮かび上がらせるアングルを理解し、それを活用することを目指します。

17

アングルの法則

引き＋見上げのアングルは、物語性が強調される

お友達を増やしたいなら迷わず「真正面アングル」×「最高の笑顔」

オンライン上、特にビジネスシーンにおけるネットワークで、「積極的に動きたい」「前向きに友達を増やしたい」のであれば、**真正面のアングルを避ける理由がありません**。もちろん、正式な履歴書ではありませんから、服装やポージングはラフに、表情も柔らかめのものがいいでしょう。

親しみを込めて、近づきたい、あるいは近づいて欲しいとメッセージを言葉にしなくてもビジュアルが伝えてくれますから、無理に媚びなくても、向こうから人が近づいてくる、対象に対して心を開いているイメージができます。

気にしたいのは、真正面アングル時の「寄り（近寄ること）」「引き（遠ざかること）」具合です。前著にも書いていますが、**同じようなポージング、笑顔であっても、より引いたアングルの方が知的に見え、アップに近いものは「迫ってくる」印象を与える場合もある**ので注意が必要です。また、「コンポジションの法則」でもお伝えしたとおり、より視点が定まりやすいのは、3分割の交差点、あるいは日の丸構図にポイントがくることです。

17

アングルの法則

高見えさせたいなら、カバーは「ローアングル」で

自社商品やお気に入りのグッズをいわゆる「カバー」と言われる横長の矩形に当て込む場合のおすすめアングルです。上がローアングルで下が斜俯瞰アングルですが、ちょっとツンとした印象、少しでも価格帯を上げたい、高見えさせたいと言った時には、カタログアングル（斜俯瞰）ではなく**「ローアングル（下からの見上げ）」**のアングルを選びましょう。

お気に入りの本や小物、あるいは本人などがカバーに登場する場合も同じです。

ローアングルは、宗教画でもよく伝われる権威や実力を示すアングルであり、普段の投稿であればそこまでアングルにこだわる必要はないかもしれません。けれどもカバー写真であれは、ホームページのトップのように**一定期間は掲載されることが前提**です。ファーストビューとして「最初の出会い」の役割に臨む効果をもたらします。

もちろん、あえてのカジュアル路線、ナチュラル志向を潜在意識的にアプローチするのであれば、カタログカットや真正面カットがマッチすることは言うまでもありません。

17
アングルの法則

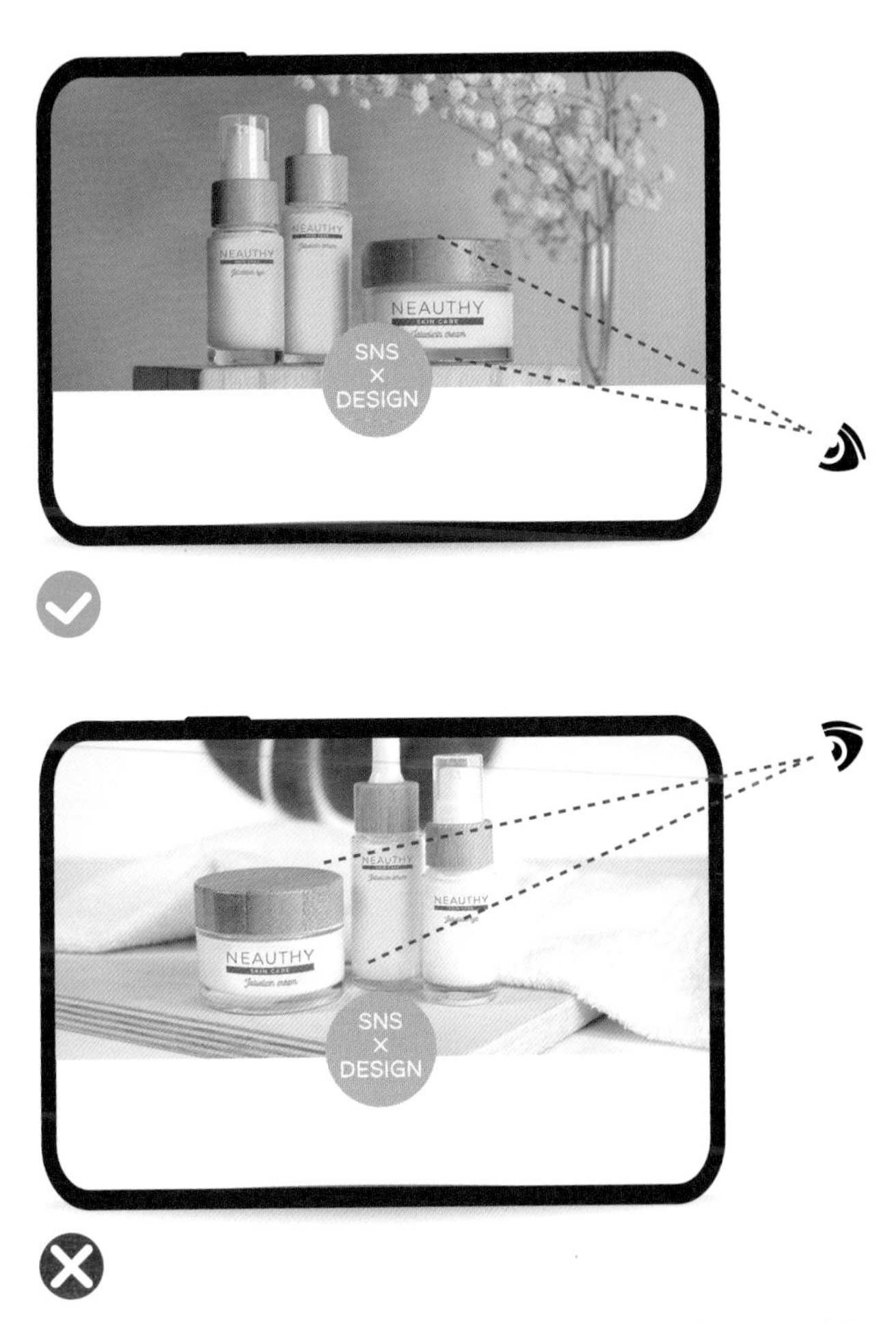

ローアングルはより格上を印象付ける。斜俯瞰は日常的な一コマを表現するには向いている

裾野（ビギナー）を広めたいから、あえての「傍観者」アングル

初心者やいわゆるビギナーという人たちを数多く集客して、そのコミュニティの裾野を広げたい、そう言った場合に適しているアングルが「傍観者アングル」です。

例えば、釣りのコミュニティで、先生は一流のトッププロだとして、全くの初心者や子供まで広く参加ができるコミュニティページに拡大すべく、SNSページを作成しようとしている場合、なるべく、ターゲットとなる当事者からは「広く、遠い視点」をイメージさせることが望ましくなります。

これは、ドローンなどの鳥瞰図も含まれますが、「遠くから見ている」「今はまだ傍観者である」という**ターゲットの視点に立てることが重要**になります。

これの全く逆で、素人には近づいてほしくない、専門性を高めていくのだというコミュニティであれば、より、クローズアップのアングルが好ましいことになります。

より、解像度の上がった世界であり、「ミクロ」の視点などは特に、専門家集団の集うイメージによりふさわしくなります。

17

アングルの法則

現実からしばし離れて、寓話の世界に旅立つ「虫の視点」

あまり現実的なことは考えたくない時、会議がどうしたとか、締め切りがどうだとか、そんな世界とは切り離された世界が「虫の視点」です。

寓話的な世界観や異次元的、物語的な世界観を表現するとき、こういった非日常的なアングルが良いアプローチをしてくれます。

次ページの写真は、2020年の秋に、確か仕事の合間の休憩にコスモスを撮りに行ってunsplash.comという画像共有サイトにアップしたものですが、色合いやトーンが柔らかいこともあって、23万4908ダウンロードされています（2024年3月現在）。いかに現実から離れていたい人が多いか、ということがわかりますね。

下の写真はさらに寓話的な印象が強くなります。

これは、サイズ感がさらに現実離れしているからで、上は「もしも自分が蜂だったら」という程度の現実離れイメージなのですが、下の写真だとさらに「もしも、この世の中が全て巨大になってしまったら」くらいの現実剥離感があります。

こちらは、２０１８年にアップして、１８万６１６６ダウンロードされていますが、内容がミニマルに削ぎ落とされている分、よりアート性が高まって、敷居が上がっているという意味にもとれます（ダウンロード数がイコール「秀逸である」というわけではないという例）。

みんながやりそうなことを避ける（あるいは、一旦やってみて卒業する）

本書では、皆さんの「個性」や「らしさ」が磨かれて欲しいと感じているので、ここで紹介していることをそのままコピーして欲しいとはもちろん思ってはいません。

文章や武道なども同じだと思いますが、一度、優れていると言われるものをそのまま真似してみて、慣れたらそれを自分なりに深めていく、少しずつ離れてみる、というのはいい方法だと思っています。

そのこと（師範から基本の型を学んでいる意識）があることがとても重要で、「いいね！」が集まるからという理由で、誰かにそっくりの絵をそのままパクる、映えの聖地に行って、みんなと同じような写真を撮る、ということは、できればしてほしくないのです。

あなたの目的があり、あなたが伝えたいテーマがあり、あなたが届けたい人がいるはずです。

「視点を変える」とか「新しい視点を得る」という言葉がありますが、**アングルを変えることはまさに新しい世界の発見につながっています。**

17

アングルの法則

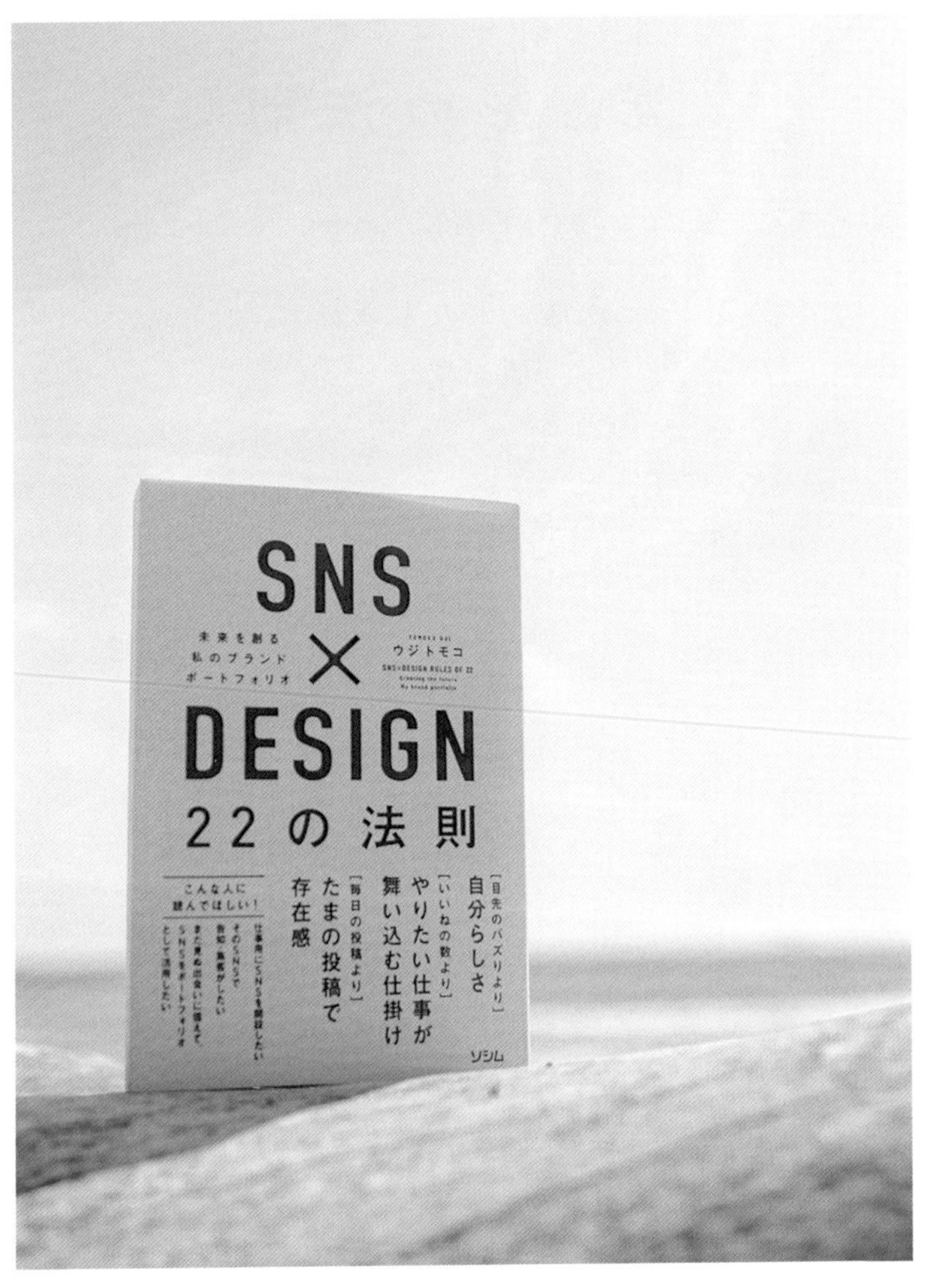

本書のプロモーション画像。わずかに見上げるアングルになっています。

SNS × DESIGN

18

光と影の法則

THE RULE OF LIGHT AND SHADOW

光を制したものが
闇を指す

18

光と影の法則

No good!

- 写真の情報量が常に多め
- いつも同じ蛍光灯の明かりの下で写真を撮っている

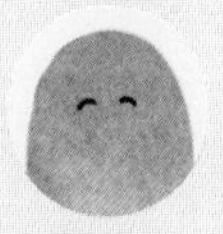

Nice!

- 目立たせたいもの以外は潔く捨てる
- ネットショップ用の写真は「窓際」「模造紙」「マステ」を駆使して撮影を

「見せる」ということは「見せないこと」

「光と影の法則」とは、伝えたいメッセージや主題を浮かび上がらせるための光と影の原理原則を理解し、それを活用することを指します。

インスタ映え写真はもちろん、チラシやポスター、広告など、「伝えたいことがある」**「ノンバーバル（非言語、ビジュアルによる）コミュニケーション」の基本**とも重なるものです。

どういう意味かというと、「目立たせたい」「大きく見せたい」などの気持ちが勝り、あれこれ詰め込みすぎたり、装飾を施したりすることで、かえって「主題」が埋没する場合が多くあります。意図とは異なる結果を招いたり、迷子にならないためにも、**「何かを見せるために、何かを見せない」選択や決断**が必要になります。

18

光と影の法則

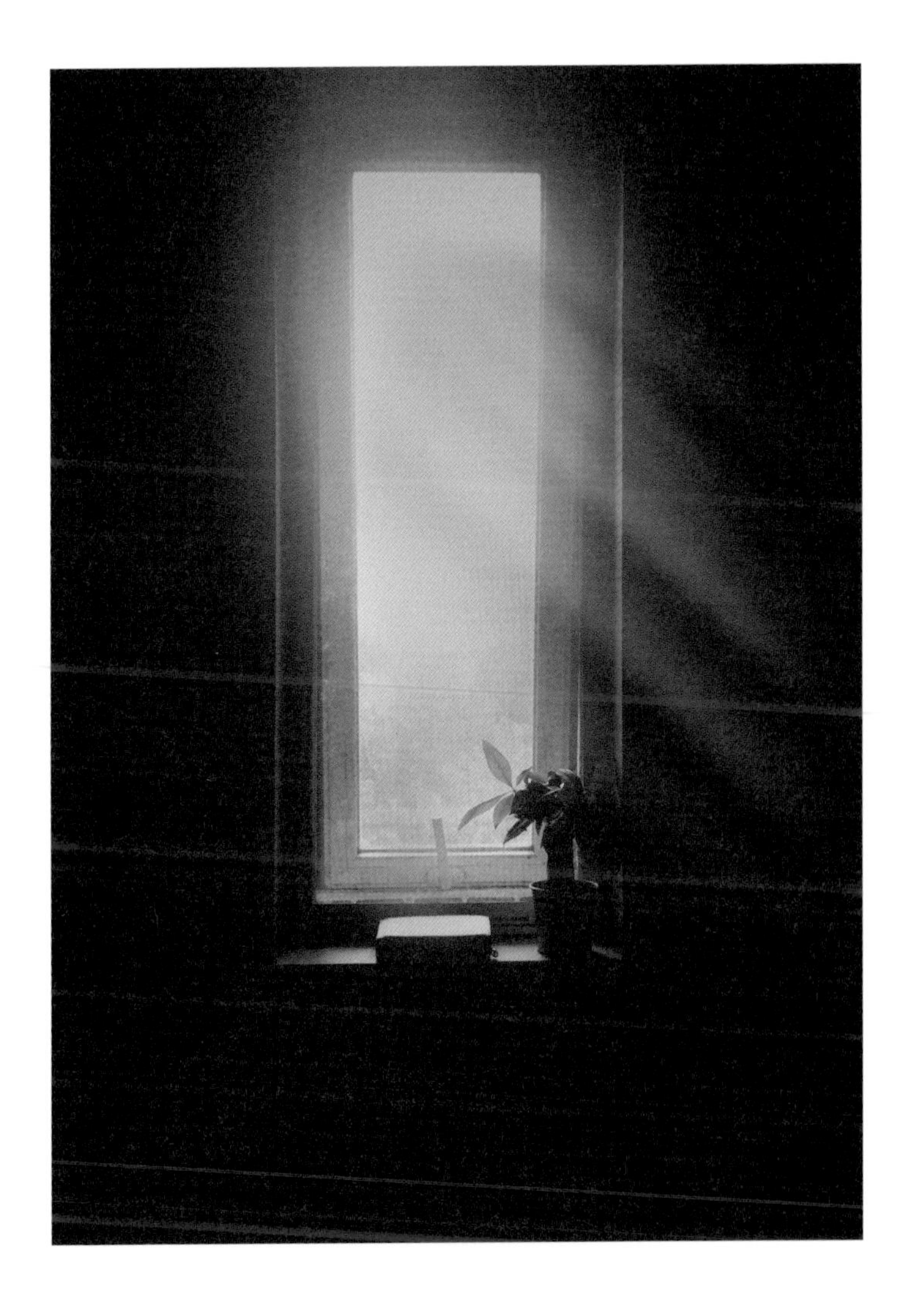

白黒つける

「白黒つける」という言葉には、良いか悪いかを決める。決着をつけるなどの意味があります。語源は、囲碁と言われています。

同じような慣用句に「黒白（こくびゃく）をつける」もありますが、使われ方はほとんど同じです。黒が悪で白が正義の意味だそうですが、いずれにしてもはっきりさせる、という意味を持ちます。

そして、この**「白黒つける」と、「光と影（コントラストをつける）」も、かなり似ています。**

光が強くあたり、影がくっきりと出るライティング（スタジオ撮影などはまさにこれです）では、モチーフが浮き上がり、物事の細部までが非常にクリアに見えるようになります。はっきり、くっきり見える、ということです。

逆に、弱い光では、全体感は掴みやすいものの、細部まではクリアに見えません。

デジタル機器やコンピュータがこれほど発達していない時代であれば、このような自然現象が映り込んだ画像を人の手で変えることはそれなりに難しかったのですが、現在であれば、「はっきり」「くっきり」見せるか、ふわっと「曖昧」に見せるかはとても簡単にコントロールできます。

極端に言えば、ＡＩにやってもらうとしたら、割と簡単な作業と言えます。

つまり、**「あなたがどうしたいのか」「あなたがどう見せたいのか」**の意思決定がとても重要になります。

発信しているものに意味が込められる時代であればこそ、意図しない発信であっても、その画像がイメージさせる世界観を相手は受け取ってしまうからです。

私たちは今、まさに、情報発信の時代に生きていて、発信するもの全てに込められた意思や選択が未来を作っていると言えます。

映画「ハリーポッター」では、主人公のハリーが魔法使いとして技術を学ぶフィールドとして「グリフィンドール」「スリザリン」「ハッフルパフ」「レイブンクロー」という4つの寮のうち、どこが最もハリーにふさわしいか、判定が下される有名なシーンがあります。そこでも、このようなやり取りがありました。

「どうしてグリフィンドールなの」

「君がそれを選んだからだよ」

光の加減で「見えるもの」「伝わるもの」が変わる

この「白黒つける」という作業を、私たちの日常的なシーンでイメージしやすくするために、同じ写真のトーンやコントラストを変えています。明らかにイメージが変わります。

❶コントラストを弱める補正をかけたもの
❷普通（オリジナル）
❸コントラストを強める補正をかけたもの

それぞれを見比べてみましょう。

❶「優しく」もあり「曖昧」でもある

テーブルの上に置かれた花瓶に、オレンジ色の花が刺してあります。一番右の写真は、全体がやや靄がかかったような、ふわっとした穏やかな雰囲気。

一番暗いシャドーからハイライト部分でスポイトした色チップを見てみると、優しい色

合いで、トーンは似ています。

❷「普通の風景」

テーブルの向こうの椅子がはっきりと見えるようになります。誰かと待ち合わせでしょうか。ガラスにきらりと光る光が印象的です。

❸「強い光」「強い影」「ギラつく花」

この日は夏日だったのでしょうか。強い光と黒い影が、緊張感や強く伝えたい何かについて、迫ってくるような印象があります。白黒のコントラスト、オレンジの彩度により、「意志力の強い」「画力が備わった」イメージを感じる人もいます。

「背景から浮き上がる」&「背景と馴染ませる」

つまり、「光」を弱めて、繊細なトーン（階調）を再現しようとすると、なんとなくボヤッとするかわりに、その全体的な雰囲気が表現できます。

逆に「光を強く当てること」で、そのものの姿を照らし出そうとすると、光のコントラストにより、構造や構図がくっきりと浮かび上がり、色彩についても強い再現力が浮かび上がります。**空気感とか、雰囲気とは逆の方向に、姿そのものが浮かび上がるイメージ**です。

「インプレッションの法則」でも書きましたが、写真の中の世界で私たちの感覚は閉じておらず、日常生活の「光の世界の感覚」を再現しようとします。例えば、このような光と影の法則は、あなたの「印影（アイコン）」としてのプロフィール写真などを撮影する際にとても役立ちます。

ある案件で、「才能に溢れ、頭も切れる、一方でデキすぎるが故に難しがられている」

18

光と影の法則

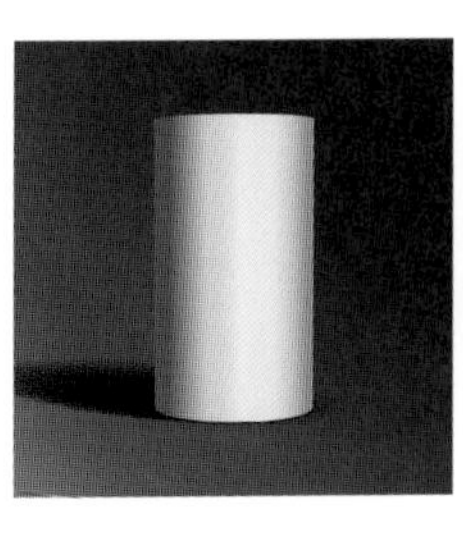

けど、「採用案件向けにもっと優しく、いい人っぽくみせて欲しい」という企業のトップの写真撮影を頼まれたことがありました。

この時は迷わず、柔らかい「トーン」を醸し出すために外ロケを設定、あえて、**曇りの日を選んで、「光の回った」世界で撮影**をしました。仕上がりをチェックしてみると**「切れ味」は多少目減りしましたが、「頭の良さ」「視座の高さ」「品の良さ」などが柔らかく溢れ出ていて、**好印象が際立ちました。

また、アーティストかと思うほど芸術センスに優れ、感性豊か極まりない、けれどもビジネス界の重鎮でカリスマ経営者という方の撮影をしたこともあります。この時はもちろん逆です。**強い光と影ができるように都内の撮影スタジオを借り、ストロボをたくさん用意して撮影**しました。

採用された写真には、朗らかな笑顔と共に、**強いリーダーシップと威厳**が浮かび上がり、理想の「経営者像」が写されていました。

光と影を表現する

このように「光」と「影」をチューニングすることは、イメージの演出に直結します。プロであれば、ストロボや反射材などの機材をたくさん使用しますが、誰にでも「綺麗な光と影」の写真を撮ることは可能です。担当していた県立高校の授業では、授業で使用しているタブレット（Windows）で生徒が撮影し、その写真を使用して、ネットショップを開設しました。手順は、次のとおりです。

❶光が入る「窓際」を探す
❷白い模造紙などで周囲の邪魔をなくす（商品と影を主題にするため）
❸カメラのオートを解除し、マニュアルに設定（オートだと暗くなるから）
❹撮影する（露出と彩度のみ補正。補正については、後の項目で詳しく）

ややや逆光気味の磨りガラスの窓際に、模造紙を貼り、商品を並べる。カメラのオートを外して、マニュアルで撮影し、補正をかける。　（写真：山口県立岩国商業高等学校生徒作品）

18

光と影の法則

［使用機材］
授業で使用しているタブレットに搭載されているカメラ
模造紙
セロハンテープやマスキングテープなど

高校生が実際に授業中に撮影し、ネットショップで使用した写真をお借りしてきました。自然光を利用し、柔らかい影をうまく捉えたことで、食品のシズル感を表現、ネットショップでの購買に直結する写真が撮影できました。

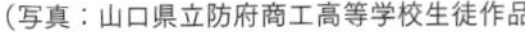

（写真：山口県立防府商工高等学校生徒作品）

（写真：山口県立岩国商業高等学校生徒作品）

令和4年度　山口ハイスクールブランドプロジェクトの授業より

SNS×DESIGN

19

補正の法則

THE RULE OF ADJUSTMENT

「加工」でなくて
「補正」が正解の理由

19

補正の法則

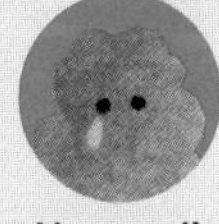

No good!

・写真の明るさを補正したことがない

・投稿の度に違うフィルターを使っている

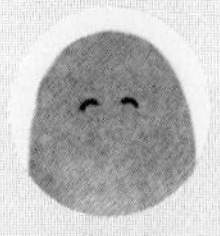

Nice!

・まずは「露光」「シャドー」を明るくするところから

・フィルターを使う時は印象統一を心がける

AIの時代だからこそ、「マニュアル操作」を理解しておく

「補正」とは、適正でない欠けた部分について補って正すと言う意味がありますが、SNSそしてネットでは、補正を飛び越えて「加工」が蔓延しているのが現状です。

最近では、あっという間に別人（普通の人が絶世の美女）になる動画などもよく見かけますが、いわゆるビジネスシーンでは、あまり極端なものは好まれません。

また、意外とその人のSNSの印象を決定づけてしまうのが、フィード全体の露出補正です。**画面全体が暗かったり、色被りしていると清潔感が損なわれてしまい、商品であれば売り上げに響きますし、人のイメージであれば、その人の性格や実力をミスリードされる可能性**があります。

ここでは、「とりあえずやっておいた方がいい」補正と、その人の「らしさ」を印象付ける、画像補正の基礎を紹介します。

中でも最も一般的なものが、いわゆる、シズル感を出すフード写真です。次の❸❹の工程で劇的に印象が変わります。

19

補正の法則

❶「光と影の法則」に従い、自然光が入る窓際を探す

❷周囲に白い紙などを貼って光を回す

❸マニュアルで撮影できる場合は、あらかじめ露光(ろこう)を明るめに調整する。撮影後に補正を行う場合は、**「露光」のハンドルを右に(明るくする)**

❹色相を「赤」へ寄せる、あるいは「彩度(鮮やかさ)」を上げる

たったのこれだけです。

ある日の高校の授業で、「画像補正」の授業を行っていた時のことです。自然光を感じるシズル写真がテーマだったのですが、「先生の加工、ヤバい！」(画像の修正が上手いという意味)という、たいそうなお褒めの言葉をもらいました。実際には、「加工」でなくて、あくまでも「補正」です。

デジタル時代の「引き算補正」

効率よく、早く、間違いない補正の第一位は、なんといっても、「余計なデータの引き算補正」です。これは、デジタルカメラが「データをより多くとる」ことを重視しているためで、いわば「大は小を兼ねる」状況になっており、その「取りすぎたデータ」を洗っていく（減らしていく）作業を一工程加えることとことで、かなりの印象が変わります。

左の桜の写真の場合は、

❶「露光」チャンネルの中のシャドーハンドルを右へ（明るくする）

❷「自然な彩度」ハンドルを右へ（少しだけ鮮やかにする）

の2ステップで、より肉眼のイメージに近い、柔らかな桜の花びらを再現しています。

最近、若い世代の間で「フィルムカメラ」や「インスタントカメラ」が流行っていますが、その原因もまさにこの「デジカメはデータ過剰な写真になりがち」だからと言えます。「フィルムカメラ」も「インスタントカメラ」も、デジカメに比べて画像データが圧倒的に少なく、また、その減りも独特で、アナログな魅力が溢れています。

スマートフォン搭載のカメラなどは、すでにAIが補正をしているものも多数ありますが、**データを足し算して補正**をしている場合がやはり多いので、「引き算の補正」は、よりナチュラルな印象を与えます。

また、インプレッションの法則でもお伝えしたように、「暗め」よりは「明るめ」のトーンに人は「覚醒」や「集中」(はっと目が覚める)の意識を向けやすく、実物よりも少し暗いかなぁと感じたら、迷わず「余計なデータの引き算補正」をお勧めします。

その人らしさが光る「ずらし補正」

「露光」の次に大切なのが、「色相」や「トーン」になりますが、このちょっとだけずらす補正は、その人の癖や特徴が出やすいものになり、いわゆる「フィルター」もこれに当たります。

桜の写真では、「露光」「シャドー」を明るくすることで、肉眼に近い補正をしました。さらに、この日は曇りの日だったために、少しだけ**「暖かい」方向に色味をずらして**います。この温かみの補正を入れたことで、全体的にさらに軽く、体感としても暖かいイメージになります。桜の写真の補正に「その人らしさ」を感じる「ずらし補正」です。

ブルーのボトルは、鹿児島の窯元さんからイベントの記念にいただいたものですが、これを青い海を背景に撮った3枚の写真を見てください。

一番右は強い光やギラギラとした夏の暑さを強調した補正です。先ほどの桜の補正と同じく、「暖かい」方向に、また、「彩度」と「コントラスト」を上げています。「ザ・海の男」を感じるような、「体育会系の補正」方向とも言えます。

一番左の写真は、**全体の階調（トーン）を明るく、階調をなだらかに、そして少しだけ「寒い」方向に色味をずらして**います。

夏のギラギラ感は無くなって、小説のワンシーンだったりとか、詩を添えたりしてもマッチしそうな「文学的気配」が漂います。

階調をなだらかにする、と言うことはコントラストを弱めるということですから、「18 光と影の法則」に記載した通り、対象そのものというよりは「雰囲気」を出しやすくなります。また、「寒い」方向に色味をずらし、全体の色調に偏りが生じたことで、「インプレッション」が増します。

いわゆる普通の枠には収まりきらない「文系の補正（一家言ある方）」の方向性とも言えるでしょう。

AI時代は、「ディレクター的な仕事」と「戦略思考」が重要に

生成AIなどを使用したことがある人であれば、お願いの仕方を間違えて、変な絵が出来上がってきた、ということを一度は経験していると思います。

こういった生成AIがユーザーの要求通りの結果を生成するためには、明確で具体的な**「プロンプト」**が必要です。

つまり、「もっと明るく」では不十分で、**「シャドーの部分をもっと明るくして」**とか、**「太陽光の光のように明るくして」**とか、**「もっと彩度を上げて鮮やかに」**など、具体的な指示が必須になります。

そして、この「ディレクター的な仕事」に必要なのが、「戦略」ということになります。

では、先ほどの「ギラギラ太陽」の男性を仮に「ナツオ」さんとします。「ナツオ」さんのキャラは、筋肉マッチョとギラギラ太陽です。コントラスト高め、彩度も高めの写真がぴったり。一方、小説や詩が好きな男性を「モジオ」さんとしましょう。ヘミングウェイやサリンジャーが大好きな「モジオ」さんに、ギラギラ太陽はいささかミスマッチで、

彩度低め、コントラストも低め、色合いもちょっとブルーがかっているアンニュイな風景がぴったりです。

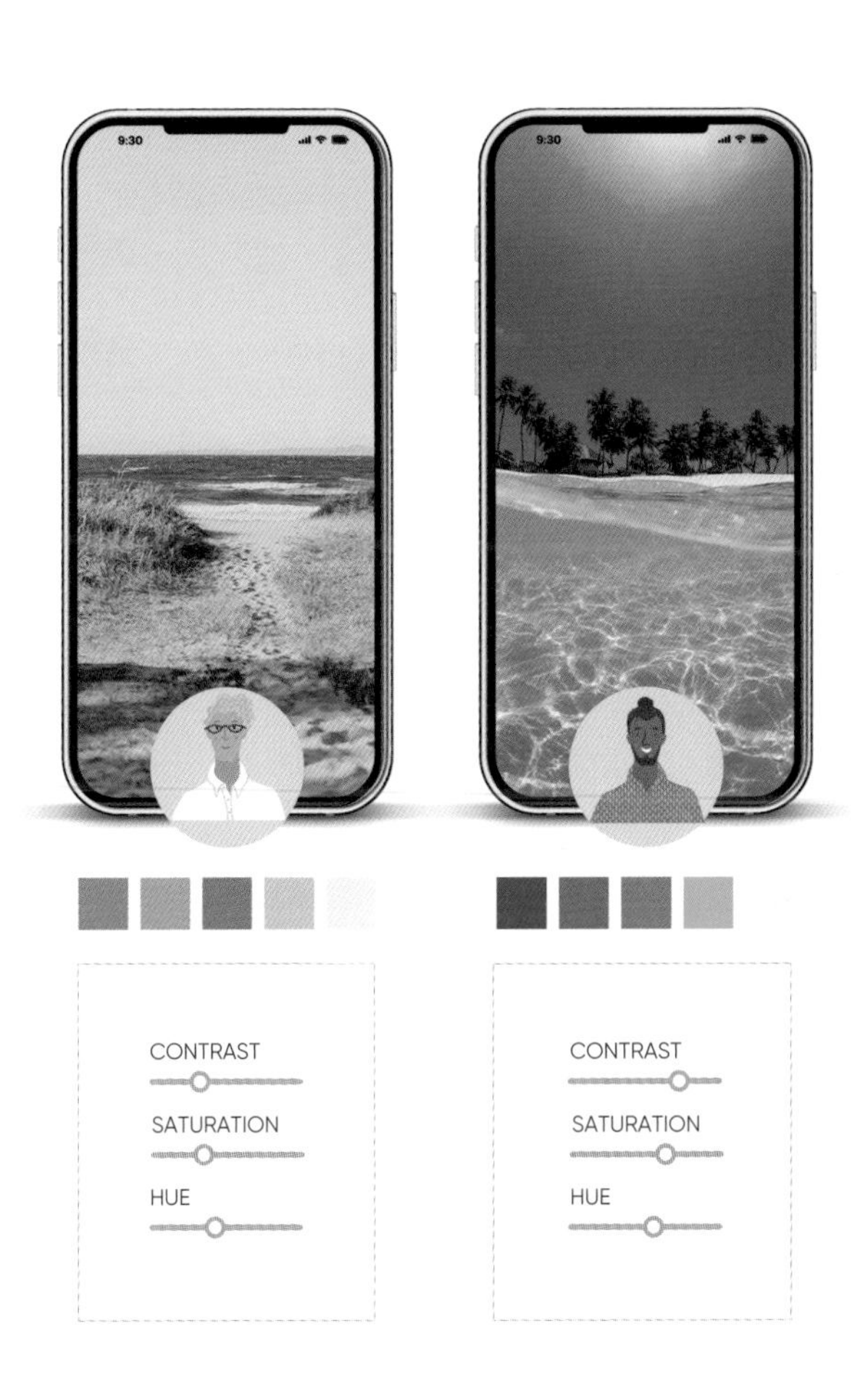

「ステレオタイプ」になりたくない

「ナツオ」さんの友達で、「ナツオ」さんよりもさらにバリバリに鍛えているにも関わらず、読書が大好きで小説を書くのが趣味という「イケオ」さんという人がいたとします。「イケオ」さんは、文武両道タイプ。もちろん、どちらかを推したい場合は別ですが、ギラギラ太陽だけ、アンニュイな風景だけ、にはならないほうがより「イケオ」さんの世界観を表現できます。

そこで、「イケオ」さんの戦略はこうです。まずは引き算の補正で、全体を明るくします。その後、コントラストは下げますが、彩度（鮮やかさ）はあまり下げません。色相もあえて暖かく、あえて寒くはしない、という独自の補正を適用します。

このように、**画質を揃えることで「その人だけの雰囲気」**になります。もちろん、デフォルトのフィルターを使用しても構わないのですが、「誰かと似てしまう」可能性があります。また、このフィルターを使うのが意外と楽しくて、投稿のたびにフィルターを変えてしまう……、なんてことは印象がばらけてしまうため、もちろんお勧めしません。

19

補正の法則

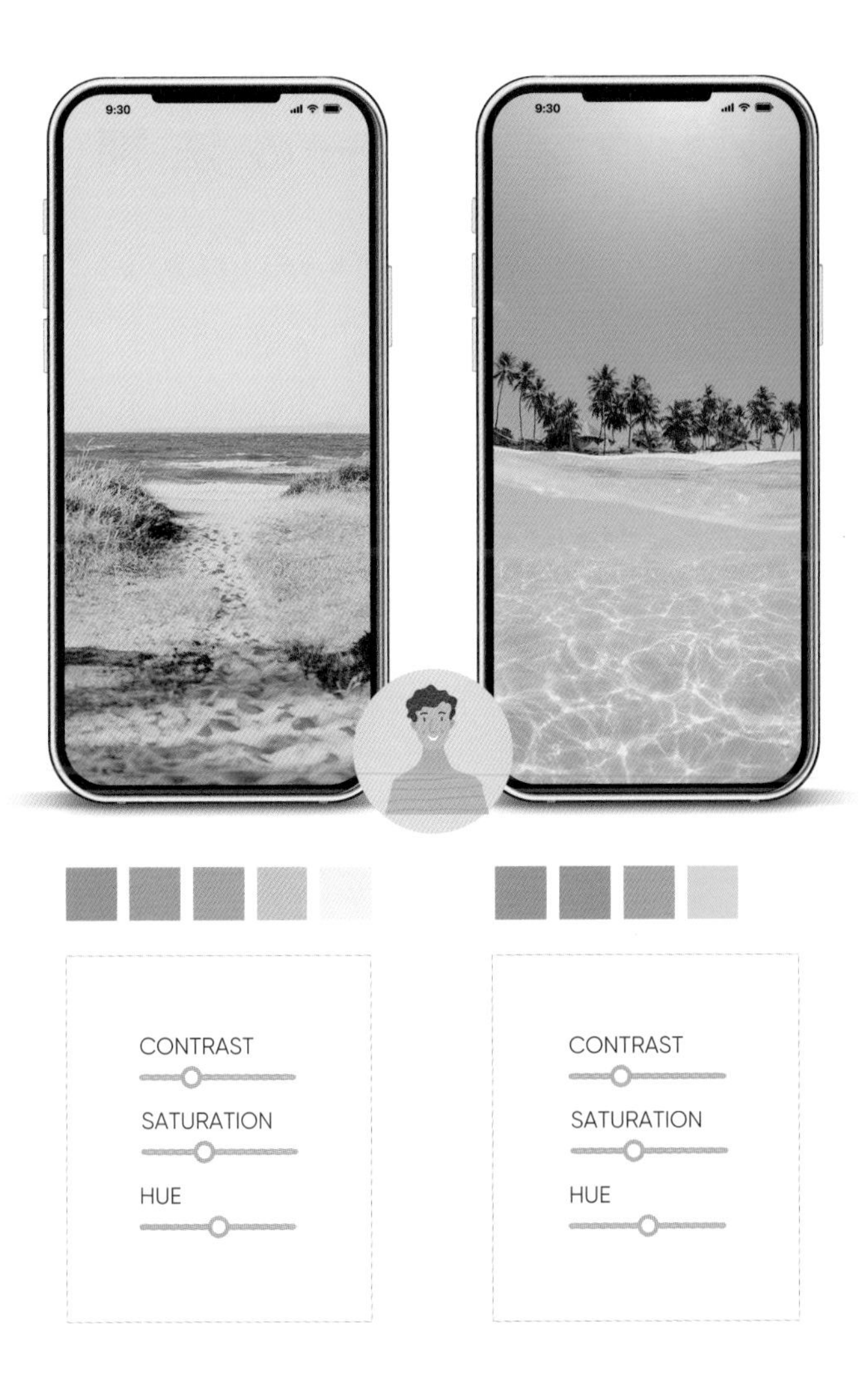

SNS×DESIGN

20

ノンフィルターの法則

THE RULE OF NON-FILTER

「リアルで最高」な
自分に気づく

20

ノンフィルターの法則

No good!

- とりあえず、なんでもフィルターをかける

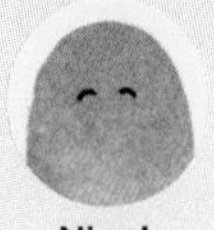

Nice!

- ありのままの良さに気づく
- 日常の中から、気づいていなかった美しさを発見する
- 今、すでに持っている宝を磨く

「宝探し」は始まっている

「補正」の項目では、露光や色相、トーンといったものを組み合わせて「望む印象」を作り上げる仕組みについて解説しました。

これは、スマートフォンのカメラアプリや画像共有サービスなどに搭載されている「フィルター」と同じ仕組みになりますが、以前は「特別なもの（一眼レフカメラを使用するプロカメラマンが、特別な効果や演出のために使用する道具）」だった技術が一般化したことで、私たちの価値観にも大きな変化が起こったと考えられます。

ジャーナリズムの世界では、「画像が補正されすぎることによる弊害」についてすでに言及されており、世界報道写真財団（World Press Photo、ＷＰＰ）が主催する報道写真コンテストでは、最終選考まで残ったカメラマンには、「ＲＡＷ画像」（未加工のファイル）と最終版の両方の提出が義務付けられました。

つまり、報道の世界でさえ、過剰な加工や補正で溢れかえり、無加工による写真の原石がほとんど出回っていないというのです。

逆に、InstagramやX、Threadsなどでは、「ノンフィルターです」「加工無し」などの表記をよく見かけるようになりました。

「ノンフィルター」は高級品

ノンフィルターは、日本語で「無濾過」とも翻訳され、酒造りやワイン醸造の場でも、よく、聞かれるようになりました。

濾過をしていないため、仕込み水をはじめ、諸々の調整が格段と慎重にならざるを得ない上、長期の保存もできません。一方で、「造りたてのうまみや味わい」が味わえるということでプレミアムの価値がつき、大変に人気です。

以前、日本酒の仕事をしていたとき、度々、蔵を訪れ、杜氏(とうじ)のお話を聞く機会がありました。やはり、お勧めは「純米無濾過生原酒　直汲み」と言われるもので、フレッシュでありながら濃厚、そして柔らかさも失わないという希少品。

お値段もそれなりにしましたが、その分手がかかっている、また、限定品であるというところも人気の一つとなっているそうです。

「プロ」カメラマンと「アマチュア」カメラマンの圧倒的な違い

私自身、デザイナーとしてのキャリアは長いですが、「写真を撮りはじめた」のはつい最近のことです。そして、自分の手で、写真を撮りはじめてみて、その面白さと難しさにも気づきました。

新卒で入社した広告代理店時代、直属の上司は、会社で名物と言われた感性豊かな個性的なキャラクターで、朝の挨拶をしたと思ったら、すぐ消えていなくなってしまう（当時は「脱走」と言っていました）人だったため、大崎にある「光村原色版印刷所」という協力会社の校正室に、よく入り浸って仕事をしていました。

色校はすぐに返せるし、お弁当は出るし、何か困ったときはベテランの営業さんやカリスマと呼ばれていた「プリンティングディレクター」に聞けば、大体のことが解決しますから、言うことなしの仕事環境です。いざとなったら、レイアウトスキャナー室に行って製版担当者の隣に座って作業に立ち会う、当時、最新だった6色機の擦り出し印刷に立ち会うなど、今となって考えたら、この時に身につけた勉強代は相当のものでしょう。

そういった製版や補正の知識があったため、写真がイマイチでもなんとかなるという「ちょっとした奢り」が若い頃にはもしかしたら、少しはあったかもしれません。

その後、キャリアを重ねて、いわゆる「名だたる大御所」と言われる人や「名前は知られていないけど、めちゃくちゃ写真撮るのが上手い人」などとたくさんお仕事をさせていただき、気がついたことがありました。

「プロ」と「アマチュア」の一番、大きな違いについて。それは、**製版や補正では、全く太刀打ちできないレベル**のことです。

かつて話題になったフィルムメーカーのＣＭに「美しい人はより美しく」「そうでない人はそれなりに」という人気シリーズがありました。高品質のフィルムでも「そうでない人はそれなりに」というシニカルさが受けたコマーシャルでしたが、それはあくまでもフィルムの話であって、プロはそうはならない、結果が違うのです。

つまり、アマチュアは、「美しい人を美しく」「そうでない人はそれなりに」撮るのに対して、**「その人自身も気づいていなかった美しさや魅力」**を、引き出して、切り取ってくれるのがプロということです。その一瞬を決して逃しません。

もともと、すでに、持っている自分の宝を磨く

2019年の秋、東京生まれ東京育ちで約半世紀を都心で過ごした私が、地方創生の仕事で長崎県の壱岐市に赴任、2拠点という形ではありますが、移住して4年の月日が経ちました。壱岐島はいわゆる過疎が進む「国境離島」と言われる場所になります。

そして、壱岐島の最寄りとなる「博多」では、天神を中心に再開発が盛んです。博多に限らず、多くの地方都市、また、首都圏においても、より高く、よりハイテクな方向への再開発が進んでいきます。

先日、長崎県の施策にも関わるマーケティングの専門家が来島し、島おこしについて考えるという勉強会に参加をしました。都市と過疎地域で圧倒的に違うのは「人がいない」ということ。当然、高い建物を建てるという戦略はありません。今、持っていて生かされていない「宝」を磨くしか他に方法は無いという事実に直面する瞬間です。

写真は、通常であれば春の嵐が荒れ狂う2月にめずらしく晴れた日、壱岐島にはいくつも美しい砂浜があるのですが、その中のひとつ、錦浜と言われる海岸です。天気も良く気

20

ノンフィルターの法則

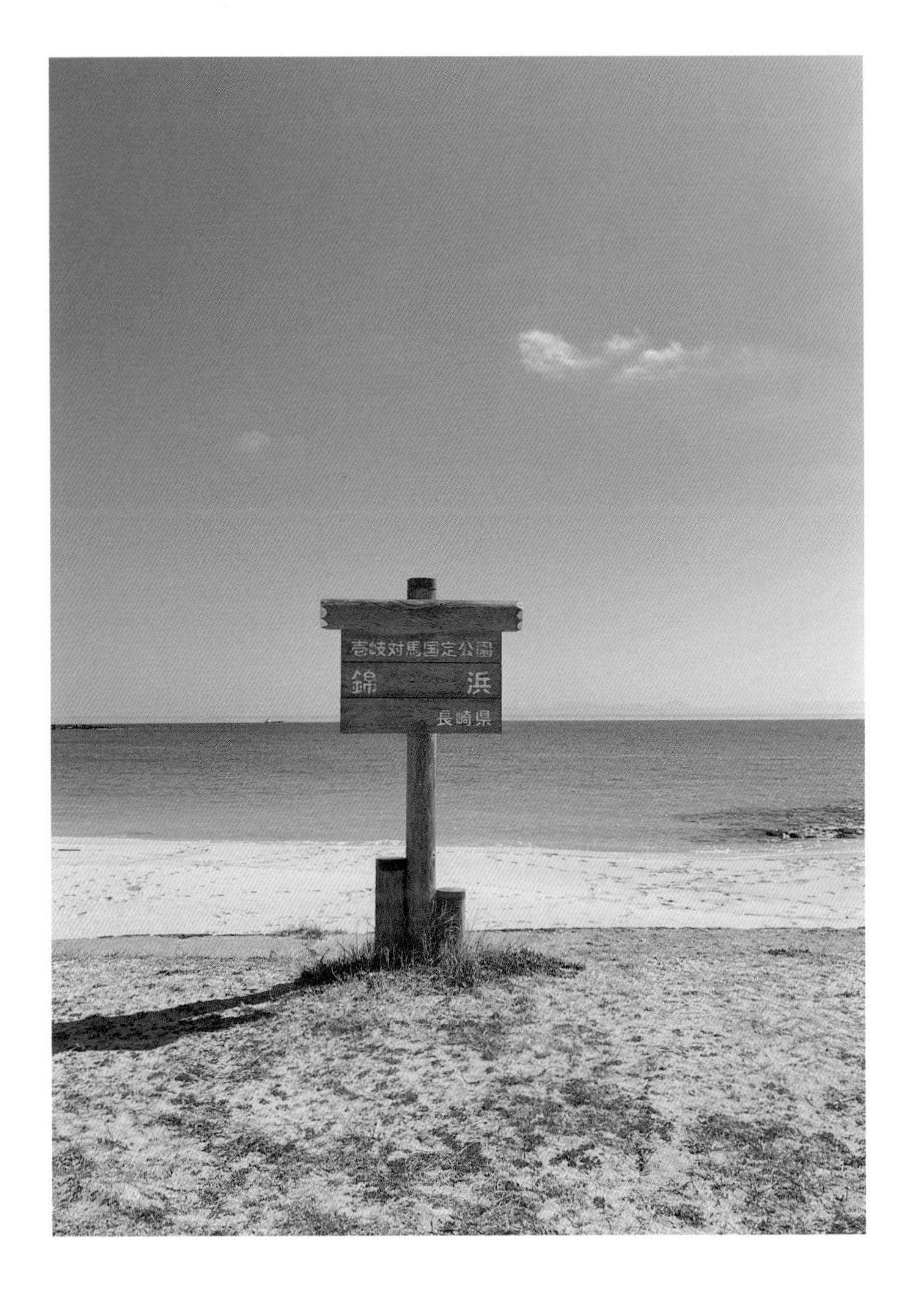

持ちの良い土曜日でしたが、誰もいません。そして、ここまでの章ではフィルターを使用した写真が多めでしたが、これは、いわゆるスマホ写真の「撮って出し」と言われるノンフィルターになります。

例えば、この写真を私がInstagramに上げたとします。フォロワーは激増しないと思いますし、バズらないと思いますが、けれども、日本にも、混んでない、こんなに綺麗な砂浜と海があって、住む人がどんどん減っているとか、晴れた土曜日なのに誰もいないとか、そういったことを、今まで、このことを知らなかった人たちにきっと伝えることができると思います。そして「いつか、行ってみたい」と思ってくれる人もいるかもしれません。

もしも、関心をもってもらい、「本当のところを調べたい」となったら、どうでしょうか。きっと、一番説得力があるのが、ノンフィルターの写真だと思います。

「リアルで最高」な自分に向き合う

実際のところ、壱岐島といえば、2月は風があまりにも強く、先ほどの写真は本当に奇跡の1枚に近いものです。同じように、私自身、プロに写真を撮ってもらうこともありますが、たくさん撮ってもらっても、本当にいいなと思うものが僅かだったりすることもあります。「現実」というものは、実際には厳しいものです。

それでも、「リアル」な姿に向き合い、「今ある魅力」を磨くというのは、価値ある継続だと考えます。

「バズりそう！」「映えそう！」「いいね！がいっぱい来そう」という価値判断でモチーフを選び加工するのではなくて、「みんなに知ってほしい大切なこと」「記録に残したい事実」「頑張ったお仕事のご報告」など、リアルで最高な瞬間を、仕事が忙しくても、面倒でも、ぜひ、写真つきで投稿してほしいと思います。

ある日、ふと、気づいたら、新しい出会いと大きな成果とが「あなたらしい物語」となって、きっとそこにあるはずです。

おわりに（そして法則21と22について）

本書の脱稿も見えてきた2月のある日、担当編集者の内藤さんと私は、なんとほぼ同じタイミングで「ある予感」を感じていました。そして、法則20を書き終わった時、予感は確信に変わりました。「本が完成したかも……」そして、タイトルを20の法則にしようかどうか色々悩んだ末、22のままにすることに決めたのです。

「押す」か「引く」か、それが問題だ。

残りの2つは、「21 控えめな人のための——押しだす（デザインの）法則」「22やりたかった仕事や欲しかった人が向こうからやってくる——惹きつける（デザインの）法則」です。

この「押すデザイン」「引くデザイン」については、近著『簡単だけど、すごく良くなる77のルール デザイン力の基本』（日本実業出版社）でも解説していますし、「読んで、知ってるよ」という方は少数派だと思うのですが、実は、『視覚マーケティングのススメ』から続くコンテンツでもありますので、ここでは、要点だけをまとめさせていただきます。

いわゆる「21プッシュ型」vs「22プル型」マーケティングのデザイン版です。

「プッシュ型――押しだす（デザインの）法則」は、本書の本質的なテーマとは少しズレるところもありますが、「パ～ン！」と、大きな打ち上げ花火をあげる。**一瞬で全ての人の心を掴む、グイグイ、どんどんいくデザイン**のこと。こちらはビジュアルデザインの得意とするところでしょう。

一方、「プル型――惹きつける（デザインの）法則」は、長い時間をかけて、あるいは静かな戦略として、たとえ今、グイグイいけている人であったとしても、**「未来への投資」として、「仕掛けておく」**引くデザインのこと。売り込む、のではなく、「素直」に自分を出して、伝える。

これも戦略の一つと考えます。（本書全体で、惹きつける（デザインの）法則が多めで

しょうか）

大切なことは、**「一発花火をあげる」「仕掛けて待つ」**の適材適所を間違えないと言うことだと考えています。

この辺りは、時の流れ、時代の変化とともに移り変わっていくものですから、もしも、ご興味を持っていただけたなら『ＳＮＳ×ＤＥＳＩＧＮ 22の法則』情報室（https://note.com/ujitomo）の方も併せてみていただければと思います。

全ての人にデザイン戦略を

さて、先日、この『視覚マーケティング®』の商標登録の更新のお知らせが来ました。２００８年当時の私は、周囲にアドバイスを受けたこともあって、『視覚マーケティング®』の一人者になればもしかして「有名になれるかも」などと考え、商標を取得しています。

時を経てデザインのメソッドとは、まずは多くの人に使ってもらって、そういった人たちに多くの利益がもたらされて、初めて価値があるものだと、改めて気づかされました。商標は、もう、更新しません。

ぜひ、皆さんのビジネスの成功に、キャリアアップに、「デザイン」が武器となって欲しいと思います。あなたのパワーを「最大出力」にしてくれる相棒となってくれますように。

最後に、本書作成にあたり、フォローを惜しまず全力でリードしてくださった内藤さんはじめ、イラストレーターの三好さん、ブックデザインの菊池さん、ソシム株式会社の編集長及びサポートしてくださった皆様、制作にお力添えをいただいたすべての方に心から感謝申し上げます。

2024年4月5日（7月5日に一部加筆修正）　ウジ　トモコ

参考文献

7つの習慣 人格主義の回復 ハードカバー　スティーブン・R・コヴィー（著）　キングベアー出版
コトラーのマーケティング4・0 スマートフォン時代の究極法則　フィリップ・コトラー（著）　朝日新聞出版
戦略サファリ 第2版 ―戦略マネジメント・コンプリート・ガイドブック　ヘンリー ミンツバーグ（著）　東洋経済新報社
影響力の武器［新版］：人を動かす七つの原理　ロバート・B・チャルディーニ（著）　誠信書房
誰のためのデザイン？ 増補・改訂版 ―認知科学者のデザイン原論　D・A・ノーマン（著）　新曜社
デザインフルネス 脳科学でわかる心地よい生活環境のつくり方　イサベル・シェーヴァル（著）　フィルムアート社
ブランディングの科学 誰も知らないマーケティングの法則11　バイロン・シャープ（著）　朝日新聞出版
魅きよせるブランドをつくる7つの条件 ―一瞬で魅了する方法―　サリー・ホッグスヘッド（著）　パイインターナショナル
流れとかたち ――万物のデザインを決める新たな物理法則　エイドリアン・ベジャン（著）　紀伊國屋書店
僕らはそれに抵抗できない「依存症ビジネス」のつくられかた　アダム・オルター（著）　ダイヤモンド社
FACTFULNESS（ファクトフルネス） 10の思い込みを乗り越え、データを基に世界を正しく見る習慣　ハンス・ロスリング（著）　日経BP
マーケティング22の法則：売れるもマーケ 当たるもマーケ　アル ライズ（著）　東急エージェンシー
3000年の叡智を学べる 戦略図鑑　鈴木 博毅（著）　かんき出版
トリガー 人を動かす行動経済学26の切り口　楠本 和矢（著）　イースト・プレス
ストーリーブランディング100の法則　川上 徹也（著）　日本能率協会マネジメントセンター
「数学的」な仕事術大全結果を出し続ける人が必ずやっている　深沢 真太郎（著）　東洋経済新報社
デジタル時代の基礎知識『SNSマーケティング』第3版 「つながり」と「共感」で利益を生み出す新しいルール　長谷川 直紀（著）　翔泳社
情報を正しく選択するための認知バイアス事典　情報文化研究所（著）　フォレスト出版
簡単だけど、すごく良くなる77のルール デザイン力の基本　ウジ トモコ（著）　日本実業出版社
これならわかる！人を動かすデザイン22の法則　ウジ トモコ（著）　KADOKAWA

クレジット

http://uji-publicity.com　@Tomoko Uji
http://www.344i.com/　@aimiyoshi

https://www.shutterstock.com
@PCH_Vector
@Net Vector
@maljuk
@sam-mcnamara
@Sonnie Hiles
@GingerKitten
@Carkhe
@Ira Yapanda
@Draftfolio
@kaisorn
@Mascha Tace
@Illusss
@hanukuro
@StockLite
@Andriy_Mertsalov
@Iconic Bestiary
@phloxii
@treety
@eamesBot
@Macrovector
@Smart Design
@lisima
@Shpadaruk Aleksei
@Navalnyi
@studiovin
@A-R-T
@PremiumVector
@A K O
@Patt Patt
@Ninell
@chris liu
@Victoruler
@Igor Kyrlytsya
@Akane1988

https://unsplash.com/
@My Hirschi
@javardh
@Szymon
@Annie Spratt
@Afif Ramdhasuma
@Ali Morshedlou
@Tomoko Uji
@Filip Kominik
@Ahmed Almakhzanji
@Nadine Rupprecht
@Erriko Boccia
@Julius Drost
@ Scott Webb
@Dave Hoefler
@person-holding
@Marten Bjork
@Alexander Grey
@CHUTTERSNAP
@Dmitry Schemelev
@William m
@Firdaus ramadhan
@Mukul Wadhwa
@Chris Yang
@Juliana Malta
@jacques bopp
@Florian van Duyn
@Nathan Dumlao
@Sally Dixon
@Glen Rushton
@averie woodard
@Neauthy Skincare
@Martin adams
@Hossein Fatemi
@jcob nasyr

https://www.soumu.go.jp/johotsusintokei/whitepaper/r04.html

https://www.hubspot.jp/marketing-library

https://stock.adobe.com/
@Macrovector
@Martin Villadsen

https://ymgcmirai.base.shop/
やまぐちハイスクールブランドプロジェクト
山口県立岩国商業高等学校（生徒作品）
山口県立防府商工高等学校（生徒作品）

ブックデザイン　菊池 祐
イラスト　三好 愛
DTP　有限会社 中央制作社

SNS×DESIGN 22の法則

未来を創る私のブランドポートフォリオ

2024年5月10日　初版第1刷発行
2024年7月17日　初版第2刷発行

著者　ウジ トモコ
発行人　片柳 秀夫
編集人　志水 宣晴
発行　ソシム株式会社
https://www.socym.co.jp/
〒101-0064　東京都千代田区神田猿楽町1-5-15 猿楽町SSビル
TEL：(03)5217-2400（代表）
FAX：(03)5217-2420

印刷・製本　中央精版印刷株式会社

定価はカバーに表示してあります。

落丁・乱丁本は弊社編集部までお送りください。送料弊社負担にてお取替えいたします。

ISBN 978-4-8026-1462-7